政府科技投入效率研究

Research on the Efficiency of Government Investment in Science and Technology

赵　伟　著

中国金融出版社

责任编辑：刘　钊
责任校对：孙　蕊
责任印制：张也男

图书在版编目（CIP）数据

政府科技投入效率研究（Zhengfu Keji Touru Xiaolü Yanjiu）/赵伟著. —
北京：中国金融出版社，2018.6
ISBN 978 - 7 - 5049 - 9358 - 8

Ⅰ.①政…　Ⅱ.①赵…　Ⅲ.①科学技术—政府投资—投资效率—研究—中国　Ⅳ.①G322

中国版本图书馆 CIP 数据核字（2017）第 310075 号

出版
发行　**中国金融出版社**

社址　北京市丰台区益泽路 2 号
市场开发部　（010）63266347，63805472，63439533（传真）
网 上 书 店　http：//www.chinafph.com
　　　　　　　（010）63286832，63365686（传真）
读者服务部　（010）66070833，62568380
邮编　100071
经销　新华书店
印刷　保利达印务有限公司
尺寸　169 毫米×239 毫米
印张　15.5
字数　215 千
版次　2018 年 6 月第 1 版
印次　2018 年 6 月第 1 次印刷
定价　48.00 元
ISBN 978 - 7 - 5049 - 9358 - 8
如出现印装错误本社负责调换　联系电话（010）63263947

摘　要

中国经济社会发展正处于从要素驱动转向创新驱动的转折期。资源、环境瓶颈问题凸显，创新驱动是形势所迫，也是大势所趋，科技创新能力是提升国家竞争力的关键途径和手段。实现创新驱动任务是艰巨的，需要依靠全社会力量来实现，政府是实现创新驱动的重要力量，其中，政府投入是重要手段。政府是科技资源的重要来源，在科技资源配置中发挥着重要作用，政府科技投入效率的提升对创新驱动战略的实施具有重要意义。

近十年来，政府科技投入快速增长，对社会投入的带动作用日益增强。R&D 内部支出规模快速增加，2003—2013 年政府资金增加 4.43 倍的同时，R&D 内部支出增加了 6.69 倍，2013 年研发投入强度达到 2.08%，已超过欧盟和英国。中国政府科技投入的力度和覆盖面已达到甚至超过部分创新型国家。政府科技投入力度大并不一定意味着国家创新能力强，现阶段政府科技投入对经济的推动作用不强，与巨大的投入不相符。

基于上述背景，本文试图回答的问题为：第一，中国政府科技投入和产出的现状如何。第二，政府科技投入效率的水平如何，呈现的变化趋势是什么。第三，影响效率的因素是什么，效率反映出科技体制存在哪些问题。第四，如何提升政府科技投入效率。回答上述问题的关键在于通过对效率的测度，发现效率结果隐含的体制问题。

本文的主要研究内容如下：

1. 政府进行科技投入的理论基点。科技创新具有高风险性和高外溢性，由此带来了科技创新领域的市场机制失灵，科技创新中需要政府投入的理由在于：一方面带动全社会科技投入，以弥补私人资本投入的不足；另一方面需要营造创新环境，降低科技创新的风险。

2. 政府科技投入的结构及特征。政府科技投入规模增幅明显，在地域间存在较大差异，特别是政府 R&D 经费投入强度差异更大；中国科技投入中企业资金的投入规模增速高于政府资金，企业逐步成为科技投入的主体，政府资金作用逐步由主导性变为引导性；地方财政是政府科技投入的主力；政府科技资金主要投向研发机构和高校，政府直接支持企业科技创新的力度较小；从经费来源看，中国 R&D 经费中政府资金的比重低于美国、德国、法国等欧美发达国家，与此同时，在研发活动执行方面，政府部门执行的比重又高于欧美发达国家；作为科技创新中间产出的论文和发明专利增速较快，而作为终端产出的新产品在企业主营业务中的占比未有提升，企业研发强度偏低。

3. 政府科技投入效率的内涵和结构。科技创新中政府能力和水平的体现需要建立在效率的基础上。本文对政府科技投入效率的研究从技术效率和配置效率两个层面入手，其中技术效率是政府科技投入效率的外在表现，也是效率测度的内容，可观察也可计量；配置效率是政府科技投入效率的内在核心，由科技体制机制决定，不易观察和测量。技术效率和配置效率都体现政府科技投入与产出关系，技术效率是科技创新生产函数中显性产出与投入的比值，配置效率则分析政府科技投入的行为和机制。

4. 政府科技投入效率的评价及其影响因素。结果显示：中国政府科技投入效率不高，地区间差异较大。一是政府科技投入效率在地区间存在较大差异，但 2009 年以来地区间效率差异在缩小；二是政府科技投入效率呈阶梯式分布，东部地区高于中西部地区；三是从科技创新环节的角度，大部分地区中间产出效率高于终端产出效率，科技成果转化效率有待提高；四是 2009 年以来政府科技投入效率受到资源配置机制的阻碍，因此需要改革科技体制，提高效率。

5. 从行为角度进行效率提升的优化路径。基于对政府科技投入现状、投入机制的分析以及政府科技投入效率的测度，从政府和科技创新主体行为的角度提出优化路径。（1）科技创新行为主体的特点。面向需求和动力，发挥各行为主体的优势，以提升政府科技投入效率。（2）政府边界。科技创新中政府的定位首先是创新环境的营造者，其次是科技创新需求者和科技创新资金的供给方。（3）中央与地方的关系。在"降低风险—分担风险—转化外溢性—引导行为"的模式下，一方面处理风险问题，另一方面应对外溢性的影响。

目　录

1　导论 ……………………………………………………………… 1

　　1.1　研究背景与意义 ……………………………………………… 1

　　　　1.1.1　选题背景 ………………………………………………… 1

　　　　1.1.2　研究意义 ………………………………………………… 5

　　1.2　国内外研究现状 ……………………………………………… 7

　　　　1.2.1　公共产品供给中的政府效率 …………………………… 7

　　　　1.2.2　政府科技投入的作用 …………………………………… 10

　　　　1.2.3　政府科技投入效率的测度 ……………………………… 17

　　　　1.2.4　政府科技投入效率的影响因素 ………………………… 23

　　1.3　研究框架、思路和方法 ……………………………………… 29

　　　　1.3.1　研究框架和主要内容 …………………………………… 29

　　　　1.3.2　研究思路和方法 ………………………………………… 30

　　1.4　研究的创新点和不足 ………………………………………… 33

　　　　1.4.1　本文可能的创新点 ……………………………………… 33

　　　　1.4.2　本文研究不足之处 ……………………………………… 34

2　政府科技投入效率的理论分析 ………………………………… 35

　　2.1　本文理论基础 ………………………………………………… 35

　　　　2.1.1　政府支出理论 …………………………………………… 35

　　　　2.1.2　科技投入及科技资源配置理论 ………………………… 37

2.2　科技创新的基本属性 ………………………………………… 40

2.2.1　科技创新成果具有高外溢性 ………………………… 40

2.2.2　科技创新过程具有高风险性 ………………………… 41

2.3　政府科技投入效率的概念 …………………………………… 43

2.3.1　政府科技投入的内涵 ………………………………… 43

2.3.2　效率的内涵及其构成 ………………………………… 44

2.3.3　政府科技投入效率的内涵 …………………………… 47

2.4　政府科技投入效率的研究方法 ……………………………… 48

2.4.1　效率研究的层次 ……………………………………… 49

2.4.2　效率测度的方法 ……………………………………… 49

2.4.3　效率测度的模型选择 ………………………………… 51

2.5　本章小结 ……………………………………………………… 53

3　中国科技体制演变历程和政府投入现状分析 ……………… 56

3.1　科技体制的演变历程 ………………………………………… 57

3.1.1　计划经济时期（1949—1978 年） …………………… 57

3.1.2　经济体制改革和转型期（1978—1992 年） ………… 58

3.1.3　社会主义市场经济体制确立期（1992—2006 年） … 61

3.1.4　市场经济体制完善期（2006 年至今） ……………… 63

3.1.5　科技体制演变带来的启示 …………………………… 64

3.2　政府科技投入规模与结构分析 ……………………………… 66

3.2.1　政府科技投入规模分析 ……………………………… 66

3.2.2　政府科技投入结构分析 ……………………………… 72

3.3　科技创新产出情况 …………………………………………… 82

3.3.1　科技创新产出体系介绍 ……………………………… 82

3.3.2　科技创新中间产出 …………………………………… 83

3.3.3　科技创新终端产出 …………………………………… 86

3.3.4　科技创新成果交易 ·· 88

3.4　数据来源和统计口径说明 ·· 89

3.4.1　财政科技支出 ·· 89

3.4.2　R&D 经费内部支出中政府资金 ·························· 90

3.4.3　政府科技投入 ·· 91

3.5　本章小结 ··· 92

4　政府科技投入效率测度整体思路 ·························· 95

4.1　政府科技投入效率的基本结构 ·································· 95

4.1.1　政府科技投入的技术效率是外在表现 ················ 95

4.1.2　政府科技投入的配置效率是内在核心 ················ 97

4.1.3　配置效率和技术效率的关系 ···························· 100

4.2　静态和动态的政府科技投入效率 ···························· 101

4.2.1　静态与动态效率测度的原理 ···························· 102

4.2.2　效率测度中的技术效率与技术进步 ·················· 103

4.2.3　效率动态变化的成因 ····································· 104

4.3　科技创新过程中的政府科技投入效率 ····················· 105

4.3.1　科技创新的过程与环节 ·································· 105

4.3.2　科技创新过程中的效率体现 ···························· 107

4.4　本章小结 ··· 109

5　政府科技投入效率的测度与结果分析 ··················· 111

5.1　指标选择与数据处理 ··· 111

5.1.1　效率测度指标选择 ··· 112

5.1.2　影响因素指标选择 ··· 114

5.1.3　数据处理与资本存量测算 ······························· 115

5.2　评价模型构建 ·· 117

5.2.1　静态效率测度 ··· 118

5.2.2 动态变化测度 ……………………………… 121

5.2.3 影响因素分析 ………………………………… 122

5.2.4 政府科技投入效率测度指标说明 ……………… 123

5.3 政府科技投入效率测度结果 ………………………… 125

5.3.1 效率测度结果描述 …………………………… 125

5.3.2 效率测度结果的结构分解 …………………… 133

5.3.3 影响效率的因素检验 ………………………… 138

5.4 本章小结 ……………………………………………… 140

6 影响政府科技投入效率的因素 ……………………… 143

6.1 政府科技投入效率影响因素的综合分析 …………… 143

6.1.1 影响效率的综合因素说明 …………………… 144

6.1.2 体制因素是影响政府科技投入效率的关键 … 146

6.2 科技体制存在的问题 ………………………………… 148

6.2.1 科技投入的资源配置 ………………………… 149

6.2.2 政府科技投入体系 …………………………… 151

6.2.3 科技体制中的现有问题 ……………………… 156

6.3 现有科技体制影响政府科技投入效率的原因 ……… 159

6.3.1 政府行为干扰市场作用的发挥 ……………… 159

6.3.2 现有政府间关系扭曲政府行为 ……………… 161

6.3.3 科技创新主体的激励导向有偏差 …………… 162

6.4 本章小结 ……………………………………………… 165

7 政府科技投入效率的提升路径 ……………………… 168

7.1 效率提升路径的整体设计 …………………………… 168

7.1.1 明确政府科技投入的目标 …………………… 168

7.1.2 把握政府科技投入的方向 …………………… 171

7.2 发挥创新体系中各主体的作用 ……………………… 176

7.2.1　基于优势和动力，定位高校、研发机构和企业 ············· 176

7.2.2　推动产学研协同创新 ································· 178

7.2.3　发挥中介机构的服务功能 ·························· 180

7.3　明确政府边界，改进投入方式 ······························ 182

7.3.1　把握政府科技投入的流动路径 ···················· 183

7.3.2　明确政府在科技创新中的边界 ···················· 184

7.3.3　梳理和优化政府科技投入方式 ···················· 187

7.4　明晰政府间关系，划分央地责任 ······················· 191

7.4.1　科技创新领域中的政府间关系 ···················· 191

7.4.2　划分中央与地方在科技投入中的责任 ············· 192

7.5　本章小结 ·· 194

8　创新科技体制、提升投入效率的相关建议 ············· 197

8.1　理顺行政组织框架，深化体制改革 ······················ 197

8.1.1　依托咨询委员会强化需求识别 ···················· 198

8.1.2　划定政府边界，根据权责对等原则规范部门事权 ····· 198

8.1.3　面向创新需求遵循创新规律，加速科研机构改革 ····· 199

8.2　完善科技创新支持机制，激发创新活力 ·················· 201

8.2.1　强化宏观引导，剥离微观管理 ···················· 201

8.2.2　减少直接管理，强化监督管理 ···················· 202

8.2.3　加强信息平台建设，推进资源共享 ················ 203

8.3　推进科技领域法制建设，营造法制环境 ·················· 203

8.3.1　完善科技法律体系，加强制度保障 ················ 204

8.3.2　完善知识产权保护法，激发创新活力 ·············· 205

8.4　优化财政投入，实现效率和规模双提升 ·················· 206

8.4.1　遵循科技创新规律，改革科技预算 ················ 206

8.4.2　创新投入方式，提高政府资金效能 ················ 206

8.4.3 通过基金会形式推动部门改革，用好增量盘活存量 ………… 207

8.4.4 在完善体制和机制基础上，进一步增加投入 ……………… 207

9 主要结论 ……………………………………………… 209

附录 ………………………………………………………… 213

参考文献 …………………………………………………… 219

后记 ………………………………………………………… 234

1

导　论

1.1　研究背景与意义

1.1.1　选题背景

中国自 1995 年开始实施科教兴国战略，随着战略的实施，科技创新在促进经济社会发展中的作用得到重视，国家、社会和企业均加强了科技投入，以提高科技创新能力。科技投入是加快建设创新型国家这一国策的重要内容，而政府科技投入是科技投入的重要组成单元。政府科技投入代表了国家对科技投入的意愿，是国家科技战略和布局的体现。

目前，中国已步入由要素驱动转向创新驱动，由粗放式发展转向集约式发展，由外延型经济增长转向内涵型经济增长的新时期。科技创新需要与经济社会发展相融合，使科技创新成为经济结构调整和经济转型升级的重要支撑。随着全球化在深度和广度上的延伸，国家间的竞争与合作由资源转向科技，科技创新能力取决于获取、整合和利用国内外科技资源和科技要素的能力。科技创新的开放性和复杂性增加，创新的组织形式发生变革。2013 年，中国开启了全面深化改革，科技体制改革是其中的重要内容，经济、政治体制的改革也为科技领域的改革提供了新机遇。

（1）经济发展的动力转向创新驱动

国家和区域发展进入新阶段。2013 年，中国人均 GDP 达到中等收入国家水平（达到 6629 美元），从规模上看，经济总量也位列全球第二。中国经济发展进入新常态，增速由高速转向中高速，经济结构需不断优化升级，驱动力由要素和投资驱动转向创新驱动。在经济发展过程中，以资源和劳动力等要素推动经济发展面临瓶颈，环境的约束也越来越强，依靠增加传统要素的数量来推动经济社会发展的方式难以为继。解决中国现有问题的有效途径在于转变经济发展方式，建设创新型国家，由要素和投资驱动转向创新驱动，创新驱动战略的实施根本在于科技创新。

（2）全球化竞争转向创新能力建设

随着全球化在深度和广度上的延展，知识和资本在全球范围内的流动性加强，科技创新资源要素的全球化促进科技创新模式的升级，科技创新中的知识积累与产业化应用相互碰撞与融合，创新模式由封闭式和线性创新模式向开放式和网络式转变。不仅在中国，创新发展是全球性课题，欧洲的第三次工业革命和美国的再工业化，都是各国在寻求通过创新实现对经济的推动。而且，随着全球化进程的加速，国家和地区间的竞争逐渐转向创新能力的竞争，科技创新可能改变社会生产，改造产业格局，重新分配财富。在国家和区域竞争中，为取得优势，不仅需要将科技创新成果与经济融合，而且需要解决科技资源高效使用的问题。

（3）提高创新效率体现创新治理的现代化

国家治理体系和治理能力集中体现了一个国家的制度和制度执行能力，推进国家治理体系和治理能力的现代化是全面深化改革的目标。科技创新治理体系是国家治理体系在科技创新领域的体现，科技体制改革中需要从科技创新"管理"转向"治理"。科技创新方式、创新主体、资源配置方式都在逐渐发生变化，科技创新方式呈现多样化，不同领域、行业间的融合、地区间的分工合作成为趋势；研发机构、高校和企业成为各优势环节和领域的创新主体，协同创新成为趋势。

提高创新体系效率是创新治理现代化的目标之一，科学的治理体系是实现治理现代化、提高治理能力的基础。随着现代市场体系的完善，政府创新治理能力建设加强，政府、市场和社会力量共同参与科技资源配置，政府和市场、中央和地方在科技资源配置中的关系成为实现创新治理现代化的关键。在"由上而下"的管理模式基础上建立不同层级间的分工与合作，尊重创新体系内各主体的自主性，激发各主体的活力，由科技资源和项目管理转向创新体系建设和创新环境营造，实现行政机制、市场机制和学术自治的良性互动，进而提升创新能力。

（4）科技体制改革迎来新机遇

2013 年，中国政府开启全面深化改革，推进国家治理体系和治理能力的现代化。全面深化改革的领域涉及面广泛，发展社会主义的市场经济、民主政治、先进文化、和谐社会和生态文明，改革具有系统性和协同性。全面深化改革要求：经济体制改革中加快经济发展方式的转变和创新型国家的建设，提高经济效率和经济发展的可持续性。全面社会改革为科技体制改革带来了新机遇，提出了方向和要求：健全技术创新市场导向机制，发挥市场对创新要素的导向作用，推进产学研协同创新，发挥各行为主体的作用和活力建设国家创新体系。以往的科技体制改革仅集中于某一孤立的板块，改革效果往往体现不出效果，全面社会化改革方案中内嵌入了科技体制改革，体现了系统性，为科技体制改革创造了有利条件。比如在财税体制改革中提出优化资源配置和维护市场统一，提高效率，发挥中央和地方两方面的积极性，这有利于科技体制改革的推进。

（5）创新能力提升需要关注政府科技投入效率

政府科技资源投入规模大，增速高。政府通过财政对科技创新的支持主要体现于财政科学技术支出以及 R&D 经费内部支出中的政府资金两项数据。2013 年财政科学技术支出 6184.9 亿元，比 1980 年增长了 94.8 倍，占全国财政支出的 4.41%，R&D 经费内部支出中的政府资金由 2003 年的 460.6 亿元，增长至 2013 年的 2500.6 亿元，占 R&D 经费的 29.9%，年均增速为 18.4%，高于同期 GDP 增速。但是科技创新水平不足，推动经济社会发展的作用不强。在过去近 20 年的时间内，中国政府对科技的财政支持经历了高速发展期。但长期以来，中国整体的科技水平依然较为落后，虽然在战略上将企业作为技术创新的主体，但就目前中国企业现状而言，其在国际生产链中的地位并未改善，依然处于低技术附加值领域。政府在科技创新中的高投入，并未使技术创新水平显著提升，进而带动全要素生产率（TFP）提升，这是国家投入科技创新低效率的表现之一。提高公共产品的供给效率和提高创新效率出现在 2015 年的政府工作报告中，说明政府层面已意识到相关的问题，并提出提高创新效率的关键在于优化科技创新资源配置。

科技创新存在一定的知识外溢性，尤其是在基础研究中，其私人收益远低于社会收益；而且除科技创新的直接投入外，创新环境的构建也是科技投入的重要组成，这部分投入具有较强的外部性；政府在科技创新投入中的角色十分重要，即使是在科技创新中采用市场机制的国家，如美国，其政府在科技创新方面也投入了巨大的资金，带来了巨大的知识和技术外溢，为经济体重的技术创新提供支撑。中国近 20 年对科技创新的财政投入仅有利于技术创新活动本身，并没有使实体经济的技术创新水平出现明显提升，甚至在"远期"技术偏好引导下的政府，其对科技创新的财政支持限制了企业的技术创新效率的提升①（肖文、林高榜，2014）。

政府科技投入的产出目标不仅是推动技术进步，还包括提高全社会的科技创新能力。有效的方法是，发挥政府在较强外部性环节中的作用，加强创新环境建设，完善对基础性、战略性、前沿性科学研究和共性技术研究的支持机制，健全市场导向机制，发挥市场对科技创新要素配置的导向作用。但是，由于政府对科技创新投入目标的阶段性偏差，在过去一个时期内，政府对科技创新的投入注重技术进步，而对科技创新能力建设重视不足，从而导

---

① 肖文，林高榜. 政府支持、研发管理与技术创新效率［J］. 管理世界，2014（4）：71–80.

致政府支持科技创新的效率不足。

从国际上看，各国政府对科技投入在促进国家经济发展和提升竞争力方面的作用已有深刻认识，并不断加大科技创新的投入。随着科技投入力度的不断加大，政府科技投入及相关资源的利用受到广泛关注，对政府支持科技创新的效率研究成为一个较为迫切的问题。国家层面高度重视的背景下，政府进行了大量的科技投入，覆盖面遍及重大科技项目、科技创新条件建设、中小企业创新等各个方面，但效果并不理想。如何提高政府科技投入效率是本文关注的重点。要解决这一问题，需要能够"走进去"，了解目前政府科技投入效率的现状，分析影响效率的因素；同时又需要"跳出来"，避免就效率谈效率，政府科技投入效率的根源在于科技体制，要从科技体制的层面解决效率不足的问题。

1.1.2　研究意义

运用效率测度的方法，使政府科技投入效率有直观的展现；深层次上效率取决于科技体制，从效率的视角分析政府科技投入，为科技体制改革提供建设性意见，对"新常态"下创新战略的实施具有重要意义。具体来讲，本文的研究意义主要体现在以下方面：

（1）充实政府科技投入的研究。目前研究认为政府进行科技投入的理论依据在于：科技创新活动的高外溢性和高风险性，导致科技领域出现"市场失灵"，私人资本投入无法达到科技投入的最优规模，市场机制无法实现科技创新资源的最优配置。需要政府介入科技创新资源的配置，进行相应的科技投入，优化科技资源配置。中国国家层面一直对科技高度重视，政府运用自身掌握的科技创新资源进行了大规模投入，但科技成果的产出效率依然不够理想。本文从效率的视角研究科技体制问题，认为政府科技投入效率不理想的原因在于：科技体制构成政府、企业、研发机构等主体的行为框架和目标函数，现有的科技体制下创新体系内各主体的行为对效率提升形成阻碍，政府与市场在科技领域未形成有效配合。

（2）完善政府科技投入效率研究框架。衡量效率的基础在于投入和产出，对企业等微观单元而言，研究对象具有相对的封闭性，投入和产出容易识别，而国家创新体系相对开放，政府是该体系中的一部分，从概念到实证分析都存在差异。本文通过概念界定、现状分析和效率测度实现对政府科技投入效率的分析与测度。通过对比分析，完成对现有中国科技投入和产出的统计口径梳理；结合科技创新和政府支出的特点，将用于测度生产单元全要素生产率和技术效率的方法应用于政府科技投入效率的测度，实现效率的直观展现。在效率测度的基础上，分析影响效率的因素，从科技体制层面破除效率提升的障碍，从理论分析到实证分析为政府科技投入效率的研究提供了完整研究框架。

（3）从效率的视角提出科技体制改革建议。目前政府科技投入的困境在于投入规模、范围以及研发强度已达到国际水平，甚至超过了部分创新型国家①，但科技创新能力、科技与经济的融合程度、科技成果转化能力等与科技强国存在差距，资源、能源、环境瓶颈问题突出以及产业转型升级压力增加，都反映出政府资金的投入效果并不理想，效果不理想可以用效率不足来衡量。本文以效率为主线，以科技体制为突破口，通过测度政府科技投入效率来获得目前中国政府在科技领域的运行效果，通过对效率的成分和影响效率的因素进行制度和政府行为上的深层次分析。政府科技投入效率不足的原因在于：政府与市场的边界不清，市场对科技创新研发方向、路线选择、要素价格和要素价格和要素配置的导向作用不强，以企业为技术创新主体的国家创新体系还不完善；中央与地方的职责划分不清晰，在支出责任方面存在越位、错位和缺位。在此基础上，探索提高效率的途径，探讨科技体制改革的相关建议和措施，以实现政府科技投入效率的提升。

---

① 2012 年中国研发强度为 1.98%，超过欧盟同期 1.96% 的水准，中国这一指标在 2013 年超过 2%。

1.2 国内外研究现状

政府科技支出的研究集中于两个方面，一方面是政府科技支出的产出和作用；另一方面是政府科技支出自身的管理体制和机制。

1.2.1 公共产品供给中的政府效率

19 世纪末，边际效用理论在财政学中的应用论证了政府在市场经济中的作用，形成了公共产品理论。代表性的理论包括：Lindahl（1919）提出的林达尔均衡[①]；Samuelson（1955）描述了公共产品供给所需的最佳资源配置[②]；Buchanan 在 1965 年的"俱乐部的经济理论"中拓展了公共产品的定义，首次提出了准公共产品的概念[③]；1973 年，桑得莫（A. Sandom）发表了《公共产品与消费技术》一文，着重从消费技术角度研究了混合产品（准公共产品）。20 世纪 70 年代以后，公共产品理论的发展主要集中在设计机制方面，以保证公共产品的决策者的提供效率。

政府效率是在政府所从事的活动中，政府成本和收益间的比对关系（唐任伍，唐天伟，2004）[④]，用最小的成本达到既定的目标或成本时产出最大（Robert T. Golembiewski，1997）[⑤]。政府效率是数量和质量相统一，价值和功效相统一（黄达强，1988）[⑥]，但由于政府活动的非市场性造成政府活动结果难以通过成分收益分析进行量化，同时，政府活动的垄断性也使政府活动竞

① Lindahl E. Just Taxation—A Positive solution [J]. Classics in the Theory of Public finance, 1919, 134: 168 – 76.

② Samuelson P A. Diagrammatic Exposition of a Theory of Public Expenditure [J]. The Review of Economics and Statistics, 1955, 37 (4): 350 –356.

③ Buchanan J M. An Economic Theory of Clubs [J]. Economica, 1965, 32 (125): 1 – 14.

④ 唐任伍，唐天伟. 政府效率的特殊性及其测度指标的选择 [J]. 北京师范大学学报：社会科学版，2004 (2): 100 – 106.

⑤ Public Budgeting and Finance [M]. CRC Press, 1997.

⑥ 黄达强. 行政学 [M]. 北京，中国人民大学出版社，1988.

争压力缺失，缺乏提高效率的动力。公共产品的供给是政府职能的重要组成部分，可借助研究公共产品的配置效率来研究政府效率。事实上，根据瑞士国际管理发展学院（2000—2013年）的研究报告，财政效率尤其是财政支出效率已成为政府效率的关键组成部分，是世界竞争力五大指标之一。

新古典经济学通常将帕累托最优作为公共品供给效率的评判标准，比较有代表性的观点包括：Pigou（1926）以基数效用论为基础，以边际分析为手段，将公共产品和税负的边际效用相等作为公共产品和私人产品间有效配置的充分条件①；Samuelson（1954）研究了局部均衡和一般均衡条件下公共产品的配置效率问题，其充分条件分别为公共产品供给价格和消费价格相等、公共产品边际效用替代率（MRS）和边际技术替代率（MRT）相等。

在福利经济学中，帕累托最优是一种效率法则，有学者认为帕累托最优是广泛接受的价值判断（黄有光，1991），也有人认为效率评价的前提是价值判断，西方思想界诺齐克与罗尔斯在国家经济职能方面的争论聚焦于国家经济职能的价值是否在于效率。Rawls（1988）② 和 Nozick（1992）③ 佐证了效率研究的前提是价值判断，效率标准是实现目标的手段，而不是目标本身。

另外，在研究政府效率的过程中，政治制度是不可或缺的影响因素。Wicksell、Lindahl、Buchanan 等公共选择学派从分析政治制度和公共决策对政府效率的影响入手，寻求公共产品的有效配置。

在政府效率的诸多影响因素中，地方分权是理论界争论的焦点之一。在公共产品分层供给理论中，Stigler（1971）④ 认为地方政府了解当地居民公共产品需求偏好的成本更低，因此相对于中央政府，地方政府更易实现资源配

---

① Beaudry P, Portier F. An Exploration into Pigou's Theory of Cycles ［J］. Journal of Monetary Economics, 2004, 51（6）: 1183 – 1216.

② Rawls J. The Priority of Right and Ideas of the Good ［J］. Philosophy & Public Affairs, 1988, 17（4）: 251 – 276.

③ Nozick L K. A Model of Intermodal Rail – truck Service for Operations Management, Investment Planning, and Costing ［J］. Dissertation Abstracts International, 1992, 53（7）: 3747.

④ Stigler G J. The Theory of Economic Regulation ［J］. The Bell Journal of Economics and Management Science, 1971, 2（1）: 3 – 21.

置的有效性，其提供地方性公共产品的效率更高，地方政府应承担地方性公共产品的供给和资源配置职能（Musgrave，1959）①。更近一步地，Tiebout（1956）提出，若居民能够在不同地区间自由迁移，那么"用脚投票"将促使地方政府间竞争实现公共产品配置效率，即供给成本最低或供给水平最佳②。

财政分权在促进地区间竞争的同时，也通过公共产品的提供为生产要素的流动创造了条件（钱颖一、罗兰，1998）③，刘长生等④（2008）和骆永民⑤（2008）分别在公共服务提供效率和政府效率方面的研究支持了财政分权的积极影响，而秦川等（2010）⑥ 的研究则发现在这一过程中也存在资源配置的扭曲，并且财政分权加剧了扭曲程度，原因在于分权促使地方对既得利益者的保护。赵文哲（2008）⑦ 将时间变量引入实证，表明财政分权对地方政府效率的影响因地区不同而存在差异性。

站在经济效率的视角，从全社会资源配置效率的范围看，政府运行中的政治均衡可能使社会资源配置低效率，并且这种低效率会因政府"越位"和"缺位"而加剧⑧（汤玉刚、赵大平，2007）。相应地，丁菊红和邓可斌

---

① Musgrave R A. The Theory of Public Finance：A Study in Public Economy［J］. Journal of Political Economy，1959，99（1）：213. 1959.

② Tiebout C M. A Pure Theory of Local Expenditures［J］. Journal of Political Economy，1956，64（5）：416–424.

③ Qian Y, Roland G. Federalism and the Soft Budget Constraint［J］. American economic review，1998，88（5）.

④ 刘长生，郭小东，简玉峰. 财政分权与公共服务提供效率研究——基于中国不同省份义务教育的面板数据分析［J］. 上海财经大学学报：哲学社会科学版，2008，10（4）：61–68.

⑤ 骆永民. 财政分权对地方政府效率影响的空间面板数据分析［J］. 商业经济与管理，2008（10）：75–80.

⑥ 秦川，谭鹏. 地方政府效率实证分析：基于财政分权视角［J］. 会计之友，2010（13）：82–83.

⑦ 赵文哲. 财政分权与前沿技术进步、技术效率关系研究［J］. 管理世界，2008（7）：34–44.

⑧ 汤玉刚，赵大平. 论政府供给偏好的短期决定：政治均衡与经济效率［J］. 经济研究，2007（1）：29–40.

（2008）① 认为在中国出现的硬公共物品的提供普遍好于软公共物品的提供原因在于，在高度分权体制下软公共品所体现的绩效少。

由于科技创新本身具有高外溢性，推动科技创新需要政府提供相应的公共产品，因此，研究政府科技投入效率需要借助公共产品供给中政府效率的相关理论和研究成果。

1.2.2　政府科技投入的作用

对政府科技投入的研究起源于 20 世纪新经济增长理论，阿罗（Arrow，1962）在经典的"干中学"模型中指出了知识和技术对产出的影响②；其后，罗默（Romer，1987、1990）将 R&D 理论融入内生经济增长模型中③，R&D 投入可以推进技术水平，提高生产力④。

政府在科技创新活动中具有关键性作用，其参与是以加速商业性创新为前提的，各层级政府之间的协作是解决各层级政府对科技创新奖励政策失调的途径。Irwin（1997）认为美国联邦政府应该通过科技创新奖励和资助来激励州政府积极加入到联邦和州政府的联合项目中⑤，发展中国家公共科研支持对私人科研投入有积极和显著的影响，其中小型公司在公共科研支持中受益更为明显⑥。

政府对科技创新进行财政支持是国家干预论的延伸和细化。基础研究的

---

①　丁菊红，邓可斌．政府偏好、公共品供给与转型中的财政分权 [J]．经济研究，2008（7）：78－89．

②　Arrow K J. The Economic Implications of Learning by Doing [J]．The Review of Economic Studies，1962，29（3）：155－173．

③　Romer P M. Crazy Explanations for the Productivity Slowdown [M] //NBER Macroeconomics Annual 1987，Volume 2．The MIT Press，1987：163－210．

④　Romer P M. Endogenous Technological Change [J]．Journal of Political Economy，1990，98（5）：72－102．

⑤　Feller I. Federal and State Government Roles in Science and Technology [J]．Economic Development Quarterly，1997，11（4）：283－295．

⑥　Özçelik E，Taymaz E. R&D Support Programs in Developing Countries：The Turkish Experience [J]．Research Policy，2008，37（2）：258－275．

公共性引发市场失灵，成为政府对科技创新进行补贴的动因①（Arrow，1962）。公共物品、外部性、产出外溢性、风险等内在属性存在于科技创新的过程中②（Mansfield、Rapoport、Romeo 等，1977），由于科技创新投入的规模和风险私人无法承担，需要政府给予支持③（Salomom，1973），这也是国家经济发展和跨越所需的公共产品之一④（Freeman，1987）。国家对 R&D 的财政支持可以减少 R&D 活动的成本，降低相关风险，激励企业进行 R&D 活动⑤（Wallsten，2000）。

经济增长理论的发展从知识外溢性的角度，论证了政府对科技创新进行财政支持的必要性。知识外溢性造成社会收益与私人收益存在"差值"，可能引起市场失灵，在缺少政府干预的情况下，竞争厂商所取得的知识积累无法达到帕累托最优经济增长率⑥（Romer，1986）。

因此，政府必须对 R&D 活动进行补贴，否则私人部门对 R&D 活动的投入就会低于社会最优水平⑦⑧（Klette 等，2000；Hall，2002）。Cantner 和 Ktisters（2011）认为由于 R&D 项目本身的不确定性和信息不对称，无法从私人部门得到足够的资金。如果企业家不能获得创新带来的全部收益或不能通过支付合理的成本获得 R&D 资金，他们在 R&D 上的投入将低于社会最优水平，使企业在 R&D 中的投入不足。政府通过财政支持 R&D 可以降低私人部门

① Arrow K. Economic Welfare and the Allocation of Resources for Invention ［M］//The Rate and Direction of Inventive Activity：Economic and Social Factors. Nber, 1962：609 – 626.

② Mansfield E, Rapoport J, Romeo A, et al. Social and Private Rates of Return from Industrial Innovations ［J］. The Quarterly Journal of Economics, 1977, 91 （2）：221 – 240.

③ Salomon J J. Science and politics ［M］. London：Macmillan, 1973.

④ Freeman C. Technology Policy and Economic Performance：Lessons from Japan ［M］. New Youk：Frances Printer Publishers, 1987.

⑤ Wallsten S J. The Effects of Government-industry R&D Programs on Private R&D：the Case of the Small Business Innovation Research Program ［J］. RAND Journal of Economics, 2000, 31 （1）：82 – 100.

⑥ Romer P M. Increasing Returns and Long-run Growth ［J］. Journal of Political Economy, 1986, 94 （5）：1002 – 1037.

⑦ Klette T J, Møen J, Griliches Z. Do Subsidies to Commercial R&D Reduce Market Failures? Micro-econometric Evaluation Studies ［J］. Research Policy, 2000, 29 （4）：471 – 495.

⑧ Hall B H. The Financing of Research and Development ［J］. Oxford Review of Economic Policy, 2002, 18 （1）：35 – 51.

R&D 活动的成本和风险，引导企业进行 R&D 活动（Wallsten，2000），且政府对生产知识和技术的厂商提供补贴也可以带动社会生产要素向科技研发部门流动①（Romer，1990）。总言之，政府 R&D 投入及相关政策对公共知识外溢具有正向激励，是促进科技创新和经济增长的有效政策工具之一②（Feldman，2006）。

经济增长往往被视为政府科技投入的作用结果之一，经济增长和财政科技投入间的关系也是政府科技投入的研究焦点之一。

阿肖尔（Aschauer，1989）认为，经济生产力降低的诱因之一为 R&D 投入降低所导致的技术增长率下降③，相应地，对 R&D 的财政支持可以带动企业 R&D 活动，提高经济长期增长率④⑤⑥（Segerstrom、Anant、Dinopoulos，1990；Grossman、Helpman，1991；Aghion、Howitt，1992）。巴罗（Barro，1991）也认为政府在技术方面的支出促使社会生产要素向技术研发部门集聚，带动经济增长⑦。

随后，部分学者将政府的科技支出纳入经济增长模型，研究政府科技支出对经济增长的影响，格勒姆和拉韦库马（Glomm，Ravikumar，1994）将政府支出作为人力资本的影响因素，来研究其对经济增长的影响⑧；格罗斯曼（Grossmann，2007）比较分析了公共科技教育支出与 R&D 补贴推动经济增长

---

① Romer P M. Endogenous Technological Change [J]. Journal of Political Economy, 1990, 85 (5): 71 – 102.

② Feldman M P, Kelley M R. The Exante Assessment of Knowledge Spillovers: Government R&D Policy, Economic Incentives and Private Firm Behavior [J]. Research Policy, 2006, 35 (10): 1509 – 1521.

③ Aschauer D A. Is Public Expenditure Productive? [J]. Journal of Monetary Economics, 1989, 23 (2): 177 – 200.

④ Segerstrom P S, Anant T C A, Dinopoulos E. A Schumpeterian Model of the Product Life Cycle [J]. American Economic Review, 1990, 80 (5): 1077 – 1091.

⑤ Grossman G M, Helpman E. Quality Ladders in the Theory of Growth [J]. The Review of Economic Studies, 1991, 58 (1): 43 – 61.

⑥ Aghion P, Howitt P. A Model of Economic Growth [J]. Econometrica, 1992, 60 (2): 323 – 352.

⑦ Barro R J. Government Spending in a Simple Model of Endogenous Growth [J]. Journal of Political Economy, 1990, 98 (5): 103 – 125.

⑧ Glomm G, Ravikumar B. Public Versus Private Investment in Human Capital Endogenous Growth and Income Inequality [J]. Journal of Political Economy, 1992, 100 (4): 818 – 834.

的作用机制①。

也有学者认为 R&D 补贴并不能促进长期经济增长，长期经济增长来源于人口增长和其他外生变量，R&D 补贴的作用在于扩大 R&D 部门规模②③（Jones，1995；Segerstrom，1998），基于内生增长模型得出 R&D 补贴促进长期经济增长结论的原因在于原有模型具有规模效应。

对于政府科技投入对经济的促进作用，国内学者的结论较为类似，认为国家对科技的财政投入确实推动了经济增长。祝云、毕正操（2007）④、王凯、庞震（2010）、张明喜（2010）⑤、赵立雨、师萍（2010）、张优智（2012）得出的类似结论是财政科技支出对经济增长具有推动作用，其中财政科技投入促进经济增长存在"时滞效应"和"边际效应递减"现象（王凯、庞震，2010），财政科技投入对经济增长的长期促进作用较大（张明喜，2010；赵立雨、师萍，2010）。

在相似结论下，众多研究的差异存在于以下几方面：对于财政科技投入与经济增长之间的关系，吕忠伟、袁卫（2006）认为财政科技投入对经济增长的推动存在滞后效应⑥，朱春奎、曹玺（2008）认为财政科技投入与经济增长间存在动态均衡关系⑦，王凯、庞震（2010）则认为二者之间存在"时滞效应"和"边际效应递减"现象⑧，考虑地理位置差异，不同地区地方财

---

① Grossmann V. How to Promote R&D – based Growth? Public Education Expenditure on Scientists and Engineers Versus R&D Subsidies [J]. Journal of Macroeconomics，2007，29（4）：891 – 911.

② Jones C I. Time Series Tests of Endogenous Growth Models [J]. The Quarterly Journal of Economics，1995，110（2）：495 – 525.

③ Segerstrom P S. Endogenous Growth Without Scale Effects [J]. American Economic Review，1998，88（5）：1290 – 1310.

④ 祝云，毕正操. 我国财政科技投入与经济增长的协整关系 [J]. 财经科学，2007（7）：53 – 59.

⑤ 张明喜. 我国财政科技投入对经济增长贡献的测度 [J]. 财经论丛，2010（4）：18 – 23.

⑥ 吕忠伟，袁卫. 财政科技投入和经济增长关系的实证研究 [J]. 科学管理研究，2006，24（5）：105 – 108.

⑦ 朱春奎，曹玺. 财政科技投入与经济增长：基于 VAR 模型对中国的经验分析 [J]. 复旦公共行政评论，2008（1）.

⑧ 王凯，庞震. 中国财政科技投入与经济增长：1978—2008 [J]. 科学管理研究，2010（1）：103 – 106.

政科技投入对经济增长的影响存在差异[①]。赵静敏、李东明、刘传哲（2011）基于面板数据的协整分析方法，选取江苏省13地市1996—2008年的数据为研究样本，实证检验了地方财政科技投入与地方经济增长之间的关系，结果表明二者之间长期稳定并正向相关，但各地区地方财政科技投入对经济的影响存在着较大的差异。考虑时间因素，不同地区地方财政科技投入对经济发展的影响在不同年份存在着很大的差异（祝云、毕正操，2007）[②]。考虑空间因素，利用空间经济计量模型检验发现，地方财政科技投入除对本区域经济增长有推动作用外，地方财政科技投入产出还具有明显的空间溢出效应，对其他地区经济增长具有影响[③]（卢金贵、余可，2010）；将科技投入细化为财政科技拨款和科技活动经费内部支出，经济增长与二者均存在长期均衡关系，并且，从长期促进经济增长的角度看，政府财政科技投入的影响高于科技活动经费内部支出的影响[④]（赵立雨、师萍，2010）；俞立平和熊德平（2011）[⑤]测量了财政科技投入对经济增长、资本和劳动力的影响程度，发现每年财政科技投入对经济贡献的弹性系数不稳定，科技投入与经济增长的互动关系弱于劳动力与经济增长的互动关系，科技投入与资本的互动关系强于科技投入与劳动力的互动关系；凌江怀、李成和李熙[⑥]（2012）选用中国1991—2010年的经济区域时间序列数据，研究显示，财政科技投入对经济增长的短期弹性为0.179，长期弹性为0.327，财政科技投入是经济增长的格兰杰因，但短

---

① 赵静敏，李东明，刘传哲. 地方财政科技投入与经济增长关系的面板协整分析［J］. 经济问题，2011（7）：23 – 26.

② 祝云，毕正操. 我国地方财政科技投入与经济增长关系分析［J］. 西南交通大学学报：社会科学版，2007，8（5）：22 – 27.

③ 卢金贵，余可. 基于空间动态面板数据的地方财政科技投入与经济增长的实证分析——以广东省为例［J］. 财政研究，2010（7）：57 – 61.

④ 赵立雨，师萍. 政府财政研发投入与经济增长的协整检验——基于1989—2007年的数据分析［J］. 中国软科学，2010（2）：53 – 58.

⑤ 俞立平，熊德平. 财政科技投入对经济贡献的动态综合估计［J］. 科学学研究，2011，29（11）：1651 – 1657.

⑥ 凌江怀，李成，李熙. 财政科技投入与经济增长的动态均衡关系研究［J］. 宏观经济研究，2012（6）：62 – 68.

期内财政科技投入的冲击响应处于较低水平。考虑效率因素，许治和师萍 (2006)[①] 对科技投入效率与经济增长率之间的关系进行了检验，结果发现二者之间并不存在显著相关关系，与此相对应的是，樊宏和李虎（2009）在对广东省 1987—2007 年科技投入相对效率的实证研究中发现科技投入相对效率与经济增长率之间呈现显著正相关关系，并将相对效率的提升原因归结为研发费用的增加和科研人员素质的提升[②]，二者所得结论的不同可能与选取的区域数据有关。

这些研究成果，尤其是在财政科技投入与经济增长间关系的实证研究中，单位根平稳检验、协整检验、VAR 模型、误差修正模型、格兰杰因果检验、脉冲响应函数和方差分解等方法被广泛应用，选用数据一般为 1975 年以后的数据，时间跨度较长。这些成果为研究国家对科技创新进行财政支持的效率提供了理论和实证支持，而且这些研究表明，经济增长作为财政科技投入的一种宏观产出而得到论证。

除推动经济增长外，带动全社会尤其是企业的 R&D 投入也是学者研究财政科技投入的方向之一。帕克（Park，1998）在政府科研对市场生产力具有间接作用的假设下，研究了政府科研产出的外部性作用对企业研发能力的提升和对经济发展的推动[③]。结果表明，发展中国家公共科研支持对私人科研投入有积极和显著的影响，其中小型公司在公共科研支持中受益更为明显[④]。现代经济体中政府将政策注意力集中于提高生产力，尤其重视科研投入的驱动作用。从国家层面研究公共科研投入与私人科研投入的相互作用成为国家科研支出政策制定的必要前提，两者之间具有互补性并正相关：一方面，从国

① 许治，师萍. 基于 DEA 方法的我国科技投入相对效率评价 [J]. 科学学研究，2006，23（4）：481 - 484.

② 樊宏，李虎. 基于 DEA 方法的广东省科技投入产出相对效率的评价 [J]. 科学学研究，2009，26（2）：339 - 343.

③ Park W G. A Theoretical Model of Government Research and Growth [J]. Journal of Economic Behavior & Organization，1998，34（1）：69 - 85.

④ Özçelik E, Taymaz E. R&D Support Programs in Developing Countries：The Turkish experience [J]. Research Policy，2008，37（2）：258 - 275.

家层面增强研发投入强度是提高劳动生产率和国家竞争力的必要非充分条件，要实现提高国家生产力和竞争力的目标需要产业、创新和科技的系统化设计（Coccia, 2011）[1]；另一方面，商业研发投入与专业化程度有关，当私人研发投入高于公共研发投入时，有利于生产力和国家竞争力的提高，因此公共科研支出应能够刺激和带动企业研发投入。

更进一步的研究发现，政府科技投入的稳定性和类别对私人研发投入均有影响，公共研发投入只有在稳定的情况下才能有效带动私人研发投入，除此之外，实验室和高校的军用研发对私人研发有挤出效应，而民用公共研发对商业研发相对中立（Guellec, Potterie, 2003）[2]。

申期（1993）通过对资金投入的研究对科技活动进行量化测度，不仅介绍了国际上在进行科技投入研究时所采用的基本指标、配套指标和派生指标，还通过科技资金投入流程结构对目前的科技活动进行了测度，通过对历史数据的分析发现财政科技投入对技术水平具有基础支持作用。这表明财政科技投入仍然是科技事业的支柱和 R&D 活动的基础条件，财政可以为 R&D 活动的投资风险提供支持和保证。通过合理分配科技全过程中的科技投入，可以发挥科技投入在引导社会资金、成果商业化和产业化中的作用[3]。

R&D 资本投资相对于教育资本和物质资本投资有更高的投资回报率（严成樑，2011）[4]，Hall 等（2009）从投资的角度对企业 R&D 投资回报进行测度，发现企业 R&D 投资回报率高于物质资本投入，加上溢出效应，其社会回

① Coccia M. The Interaction Between Public and Private R&D Expenditure and National Productivity [J]. Prometheus, 2011, 29 (2): 121 –130.

② Guellec D, Van Pottelsberghe De La Potterie B. The Impact of Public R&D Expenditure on Business R&D* [J]. Economics of Innovation and New Technology, 2003, 12 (3): 225 –243.

③ 申期. 我国科技资金投入研究初探 [J]. 统计研究, 1993 (2): 9.

④ 严成樑. 资本投入对我国经济增长的影响——基于拓展的 MRW 框架的分析 [J]. 数量经济技术经济研究, 2011, 28 (6): 3 –20.

报更高①。相应地，根据美国的制造业数据，对于企业生产率的提高，企业 R&D 投入比政府 R&D 投入的作用更为有效（Griliches，1986）②，但 R&D 具有一定公共产品属性，R&D 投入具有一定溢出效应，仅依靠市场机制不能获得足够数量的 R&D 投入，这需要政府通过财政工具来对 R&D 投入中的私人 R&D 投入进行溢出效应补偿（Hall，1989）③。

R&D 资本的积累应该体现于推动技术进步④（肖文、林高榜，2011），政府在科技创新中的高投入，并未使技术创新水平显著提升，进而带动全要素生产率（TFP）的提升，这是国家投入科技创新低效率的表现之一。这一观点，也通过了 R&D 投入与 TFP 弱相关的实证检验，表明国内 R&D 投入对技术效率的提升有阻碍作用⑤⑥（李小平、朱钟棣，2006；谢建国、周露昭，2009）。

科技创新是经济长期持续发展的根源，当前中国经济社会发展处于从要素驱动转向创新驱动的重要转折期。从全球范围看，创新驱动是大势所趋；从国内形势看，创新驱动是形势所迫。

1.2.3 政府科技投入效率的测度

很多学者都将政府投入规模不足作为技术进步贡献低的主因之一，林江、黄亚雄（2014）以企业研发投入规模最大化为目标，认为政府科技投入规模偏低，周忠民（2014）、杨志鹏（2013）、冯婧（2011）、吴知音、倪乃顺

① Hall B H, Lotti F, Mairesse J. Innovation and Productivity in SMEs: Empirical Evidence for Italy [J]. Small Business Economics, 2009, 33 (1): 13 –33.

② Griliches Z. Productivity, R&D, and Basic Research at the Firm Level in the 1970s [J]. American Economic Review, 1986, 76 (1): 141 –154.

③ Hall B, Hayashi F. Research and Development as an Investment [R]. National Bureau of Economic Research, 1989.

④ 肖文，林高榜. 海外研发资本对中国技术进步的知识溢出 [J]. 世界经济，2011 (1)：37 –51.

⑤ 李小平，朱钟棣. 国际贸易、R&D 溢出和生产率增长 [J]. 经济研究，2006 (2)：31 –43.

⑥ 谢建国，周露昭. 进口贸易、吸收能力与国际 R&D 技术溢出：中国省区面板数据的研究 [J]. 世界经济，2009 (9)：68 –81.

（2012）、王书玲、王艳、于睿（2010）、包健（2009）、刘春节、刘世玉（2006）则通过与国际上其他国家的对比分析来说明政府科技投入规模不足，指标包括：R&D 内部支出、R&D 内部支出中的政府资金、财政科技支出，一般通过对比绝对规模、占 GDP 的比重（强度）以及增速来进行分析和论证。

按照国际公认的标准，在 R&D 内部支出超过 2% 的国家其创新能力较强，即所谓创新型国家，低于 1% 则缺乏创新能力。根据 2013 年部分已披露数据①，2013 年中国研发投入强度达到 2.08%，已接近欧盟，并超过英国，而这一指标在 1995 年仅为 0.57%。在此背景下，即使提高科技投入规模也应在保证效率的前提下。胡振华、刘笃池（2009）对 2006 年中国各省份科技投入的研究显示部分省份科技投入的规模效益在递减。各地区间科技投入强度差异较大，2013 年北京的研发强度已达到 6.08%，上海和江苏分别达到 3.60%、2.98%，在全社会和政府科技投入整体规模高速增加至一定规模，且各地区存在明显差异的情况下，依然将规模作为主要矛盾是否合理？为什么目前知识产品和技术产品依然无法满足经济社会发展需要？

矛盾由规模转向效率，吴芸（2014）通过对 40 个国家 1982—2010 年的面板数据回归分析认为：政府科技投入能够显著促进科技创新，但政府用于科技创新的资金使用效率较低。政府科技投入效率不足是造成现有状况的主要原因，由政府科技投入中"重分配、轻管理，重投入、轻结果"的现象可见一斑。未来依然以高达 20% 的速度增加政府科技投入存在压力，值得注意的是，不管是政府科技支出还是 R&D 经费内部支出，增长率整体呈下降趋势，而且仅依靠规模扩大来实现创新驱动并不合理，更重要的是需要提高资金使用效率，通过提升政府科技投入效率实施创新驱动战略，这也符合现代财政制度的要求，是国家创新体系建设的重要保障。为对政府科技投入效率进行深入研究，本文利用非参数分析法对政府科技投入效率进行测度，并对

---

① 资料来源于《2013 年全国科技经费投入统计公报》，仅有政府科技投入和 R&D 经费支出两项数据。

影响效率的因素进行实证分析。为聚焦研究范围，本文研究仅限于政府通过财政的直接投入，不包含税收优惠的部分。

效率测度是研究政府科技投入效率的核心之一，是重要工具手段。效率测度的前提是弄清政府科技投入效率是什么，投入和产出分别是什么。其次是工具选择。政府科技投入效率是政府效率的细分领域，部分学者认为财政效率是经济效率的一部分，是政府参与资源配置时的资源配置状态，查大兵（1997）① 特别分析了经济效率和财政效率、财政效率和公共选择之间的关系。

虽然不能否认运用经济研究范式对财政科技投入效率进行研究具有有效性，但将财政效率作为经济效率的一部分进行研究会出现视角上的狭隘性。既然国家需要对科技创新进行支持，那么财政科技投入效率不仅涉及经济效率，也涉及行政效率，因此不能将经济增长作为财政科技投入的唯一产出进行研究。

科技投入的效率反映的是科技所投入资源的优化配置，用投入产出比来表示，因此对科技投入效率的研究中投入和产出的指标设定是关键。普万里、王泽华、茹华所（2007）的研究将传统的5类科技活动划分为研发活动、研发成果应用和推广示范与科技服务三类进行产出指标设定②。

政府科技投入的效率反映的是政府所投入科技资源的优化配置，早在20世纪80年代，李捍平（1988）从资源配置机制的视角研究国家科技活动规模和发展速度对经济发展的影响，将国家科技系统作为投入产出系统进行考量，并将科技投入资源的配置作为影响科技投入有效率产出以及产出应用于生产的关键，通过市场和政府两种调节机制来分析科技资源配置③。蔡汝魁（1989）从生产率的角度研究科技投入，分析科技活动的投入与产出④。

---

① 查大兵．经济效率与财政效率［J］．中央财经大学学报，1997（6）．

② 普万里，王泽华，茹华所．科技投入绩效评价研究［J］．科技进步与对策，2007，24（2）：113 - 115．

③ 李捍平．科学技术与经济的结合——基于科技资源配置机制的研究［J］．科学管理研究，1988（4）：9．

④ 蔡汝魁．科学技术活动的投入产出［J］．科学学与科学技术管理，1989（9）：10．

申期（1993）介绍了国际上在进行科技投入研究时所采用的基本指标、配套指标和派生指标，并借助科技资金投入流程结构对目前的科技活动进行测度。通过对历史数据的分析，他发现财政科技投入对技术水平具有基础支持作用，财政科技投入仍然是科技事业的支柱和 R&D 活动的主要基础条件，并且，财政可以对 R&D 活动的投资风险提供支持和保证。应注意合理分配科技全过程中的科技投入，发挥科技投入在引导社会资金、成果商业化和产业化中的作用①。

Freire-Serén（2001）指出判定财政投入 R&D 的合理性有两个原则，其一是政府对 R&D 的财政支持行为是否促进了长期经济增长，其二是政府对 R&D 的财政投入是否推动人均收入的增长。研究结论的隐含意义是长期经济增长和人均收入的增长成为财政投入 R&D 的产出。将这一原则运用到中国政府科技投入，发现大量政府科技投入的效果并不理想，宏观上看技术进步对经济增长的贡献不高（于君博，2006），很多产业依然位于中低端，中国的经济发展很大程度上依然是要素驱动。郭庆旺等（2007）通过对中国全要素增长率的测度研究表明：1979—2004 年，对经济增长的贡献中要素投入的贡献率平均高达 90.54%，而技术进步的贡献率平均仅为 10.13%，其中能力实现变化率的贡献率为 -0.67%。在传统产业优化升级和新产业培育中，知识和技术所体现出的作用与现有政府科技投入不匹配。

现有文献在研究政府科技投入效率过程中所使用的数理方法主要包括数据包络分析（DEA）和随机前沿面分析（SFA）两种。在对多区域和跨时期的面板数据进行分析时，随机前沿面分析具有更好的适用性。Eric C. Wang（2007）采用了这种方法，对 1995—2002 年 30 多个国家的 R&D 投入效率进行了分析，并将环境因素引入分析框架，探讨了资源配置中政策因素的影响②。

---

① 申期. 我国科技资金投入研究初探 [J]. 统计研究, 1993 (2): 9.

② Wang E C. R&D Efficiency and Economic Performance: A Cross – country Analysis Using the Stochastic Frontier Approach [J]. Journal of Policy Modeling, 2007, 29 (2): 345 –360.

面对平面数据或时间序列数据，使用数据包络分析（DEA）研究科技投入效率更为理想。Lee、Park 等（2009）使用数据包络分析（DEA）对国家层面的 R&D 投入相对效率进行了分析[①]，其中，Lee、Park 等（2005）的研究显示中国的 R&D 投入效率不足，远低于新加坡和日本[②]。

相较于 SFA 模型，DEA 模型在研究财政科技投入效率方面的突出优点在于：可对多投入多产出进行测度，且无须预先设定生产函数，使用 DEA 模型研究科技投入效率更为理想。DEA 模型首先由 Charnes、Cooper 和 Rhodes（1978）基于规模效益不变（CRS）假设提出，随后 Färe、Gross-kopf 和 Logan（1983）及 Banker、Charnes 和 Cooper（1984）拓展至规模可变（VRS）模型，Brown 和 Svension（1988）在此基础上对有效评价政府科技投入效率应具备的条件进行了说明，并提出了使用 DEA 模型测度政府科技投入效率的方法。

国内学者也将 DEA 模型大量应用于财政科技投入效率的研究。张青、陈丽霖（2008）在 DEA 模型的基础上测度了地方财政科技投入产出总体效率，并将其解构为总效率和使用效率。他们还利用影子价格测度了行业间财政科技投入产出的全效率。值得注意的是，在政府和企业的科技投入关系中，他们将政府科技投入视为主导，企业科技投入效率是政府科技投入效率的体现[③]。

罗卫平和陈志坚（2007）使用 DEA 模型评价了广东省 21 个地市财政科技投入产出效率。为解决传统 DEA 模型不能有效区分决策单元效率的问题，

---

①　Lee H, Park Y, Choi H. Comparative Evaluation of Performance of National R&D Programs with Heterogeneous Objectives：A DEA Approach ［J］. European Journal of Operational Research，2009，196（3）：847 – 855.

②　Lee H Y, Park Y T. An International Comparison of R&D Efficiency：DEA Approach ［J］. Asian Journal of Technology Innovation，2005，13（2）：207 – 222.

③　张青，陈丽霖. 地方政府财政科技投入产出效率测度模型的研究 ［J］. 研究与发展管理，2008（5）：102 – 108.

吕亮雯、何静（2011）[①] 和李尽法（2011）[②] 采用超效率模型（SE－DEA）分别对广东省的时间序列数据和全国的横截面数据进行了测度。

同样是基于横截面数据，张霄、刘京焕、王宝顺（2013）使用三阶段DEA（Bootstrapped）模型对2010年中国省级财政研发支出效率进行了评价，他们认为财政研发支出应作为唯一投入变量进行效率测度，并将高等教育、地域差异、R&D 内部总费用占比、中型工业企业办研发机构数作为影响因素应用于模型[③]。

同样使用三阶段 DEA 模型，白俊红（2013）研究了中国科研机构知识生产率，通过进一步的效率分解和因素分析发现，技术效率和规模效率是制约知识生产的主因，经济发展水平、与企业合作的程度对科研机构的知识生产效率有正向影响，目前人力资本和政府资助对科研机构的知识生产效率却出现负向影响[④]。

DEA 模型测度的是相对效率，其测度结果由其他决策单元（DMU）决定。更进一步地，可以通过多次评级，类似于层次分析法，将测度对象分层级，达到超效率模型（SE－DEA）所能实现的在各层面上区分决策单元效率的效果（黄科舫、向秦、何施，2014）[⑤]。

虽然吕亮雯、何静（2011）和黄科舫、向秦、何施（2014）都利用 DEA 模型对时间序列数据进行了直接的处理，但这与 DEA 模型和 SFA 模型不适用于直接处理时间数列数据相悖（Timothy、Prasada 等）。使用 DEA 模型和 SFA 模型测算相对效率的前提是在一定的技术水平下，如果要测度跨时期效率，

---

① 吕亮雯，何静. 基于超效率 DEA 模型的广东地方财政科技投入产出效率分析 [J]. 科技管理研究，2001（4）：84－87.
② 李尽法. 基于 SE－DEA 的财政科技投入效率测度实证研究 [J]. 科技管理研究，2011（15）：69－72
③ 张霄，刘京焕，王宝顺. 我国省级财政研发支出效率的评价 [J]. 统计与决策，2013（1）：134－138.
④ 白俊红. 我国科研机构知识生产效率研究 [J]. 科学学研究，2013（8）：1198－1206.
⑤ 黄科舫，向秦，何施. 基于 DEA 模型的湖北省财政科技投入产出效率研究 [J]. 科技进步与对策，2014（6）：124－129.

则需要结合其他方法工具来进一步研究。

除政府科技投入效率使用上述方法外，从更广范围测度财政资金配置效率也引用了该方法，对财政支出效率的测度主要通过构建生产前沿面的方式来进行，即运用 DEA 和 SFA 方法构建生产可能性前沿面，Tanzi 和 Schuknecht（1997）、Pang（2005）、Boetti 等（2010）在进行政府支出效率的研究中都采用了这两种办法，陈诗一和张军（2008）也采用 DEA 模型进行地方财政支出效率的研究①。DEA 模型在政府支持效率领域具有较广泛的应用性，除整体效率外，纵向和横向上的结构效率也可获得，1985 年后中国横向结构效率呈现上升趋势，不同层级和地区间存在差异，整体上地方快于中央，经济发达地区的结构效率反而较低（李永友，2010）②。

由此可见，在财政资金配置研究中，对财政支出效率的量化研究要比基于生产函数的经验分析走得更远。

1.2.4　政府科技投入效率的影响因素

在对政府支持科技创新中的财政投入效率的研究中，影响效率的因素是理论界研究绕不开的内容。分析政府科技投入效率的目的在于寻找效率改善途径，重点在于影响效率的因素分析。影响政府科技投入效率的因素分为两个层面，其一是资金分布、经济水平、人力资本等条件因素，其二是政府与市场的关系、政府间关系、部门间关系等体制因素。条件因素更显性，易识别和定量分析，但在定量分析中仅能说明条件因素与效率的相关性，并不能确定条件因素是效率高低的原因；体制因素对效率有决定性作用，但不易度量，适用于定性分析，两类因素联系的桥梁是国家创新体系内各主体的行为。

1.2.4.1　条件因素

现有文献对条件因素的分析集中于人力资本投入、经济发展水平、技术

---

① 陈诗一，张军. 中国地方政府财政支出效率研究：1978—2005 ［J］. 中国社会科学，2008（4）：65–78.

② 李永友. 中国地方财政资金配置效率核算与分析 ［J］. 经济学家，2010（6）：95–102.

市场活跃程度等方面。范红忠（2007）从需求的角度研究了国家创新能力，认为有效需求规模对国家研发投入以及创新能力有影响，并用经济总收入、人均收入和收入差距作为有效需求规模的基本维度①。

人力资本和社会资本在财政科技投入效率的研究中同样不可忽视。直观感受是人力资本对技术创新效率有积极的影响，这在池仁勇、虞晓芬、李正卫（2004）的研究中有所论证②；而白俊红（2013）③认为目前中国人力资本的投入对科研机构的知识生产率产生了负影响。造成如此差异的原因一方面是随着中国近10年对教育投入的加大，大学生数量激增，可能造成一定冗余。另一方面是在选择这一影响因素时，二者选取了不同的代表因素指标：一个是选择万人口大专以上学历人数，另一个是选择在校大学生人数。

创新提升人均收入，社会资本投入会间接影响这一过程（Akçomak等，2009）④。社会资本对提升创新效率有积极影响，进而可以加快知识生产，促进经济增长（严成樑，2012）⑤；高水平的社会资本是对内部创新的补充，使创新主体（即企业）具有更高的创新倾向，从而促进企业更积极获取外部知识，进而带动R&D投入（Laursen等，2012）⑥。可以说，社会资本促进经济增长的途径是提高人力资本水平和政府效率（Deng等，2012）⑦。樊宏和李虎（2009）将广东省1987—2007年科技投入相对效率的提升因素归结为研发费

---

① 范红忠. 有效需求规模假说、研发投入与国家自主创新能力 [J]. 经济研究, 2007 (3): 33-44.

② 池仁勇, 虞晓芬, 李正卫. 我国东西部地区技术创新效率差异及其原因分析 [J]. 中国软科学, 2004 (8): 128-132.

③ 白俊红. 我国科研机构知识生产效率研究 [J]. 科学学研究, 2013 (8): 1198-1206.

④ Akçomak I S, Ter Weel B. Social Capital, Innovation and Growth: Evidence from Europe [J]. European Economic Review, 2009, 53 (5): 544-567.

⑤ 严成樑. 社会资本、创新与长期经济增长 [J]. 经济研究, 2012 (11): 48-60.

⑥ Laursen K, Masciarelli F, Prencipe A. Regions Matter: How Localized Social Capital Affects Innovation and External Knowledge Acquisition [J]. Organization Science, 2012, 23 (1): 177-193.

⑦ Deng W S, Lin Y C, Gong J. A Smooth Coefficient Quantile Regression Approach to the Social Capital-economic Growth Nexus [J]. Economic Modelling, 2012, 29 (2): 185-197.

用的增加和科研人员素质的提升①。

总体上，科技创新环境融合了影响政府科技投入效率的各类因素，包括产业结构、教育投入、研发投入结构、科技创新金融支持、技术市场活跃程度、开放程度等，这些因素与政府科技投入共同构成全社会科技创新的大环境，不仅影响科技创新效率（李习保，2007）②，同时影响着政府科技投入的效率。

1.2.4.2　体制因素

现有文献对影响效率的体制因素分析集中于政府定位、政府间关系等方面。

（1）政府与市场关系的影响

Schultz（1968）将广义的制度界定为约束人们的行为规则，Vernon Ruttan（1982）认为制度变迁将影响资源使用，并将制度视为资源使用活动之一，制度发展导致新知识在技术变迁中产生。

中国科技政策的效果不理想受制于创新体系中政府与市场的关系，政府在使用科技政策工具时超越了政府与市场的边界，干扰了创新主体，科技政策工具不理想的原因在于体制环境，体制环境形成创新的初始条件，政府行为对创新有着重要影响，政府以"市场失灵"的名义无限介入市场中的创新活动，将导致创新的无效率，邓练兵（2013）③通过对政策变迁的梳理来研究创新政策效果与创新投入之间的矛盾。

竞争机制和激励机制影响国家创新绩效，Hagedoorn 和 Narula（1996）④将竞争机制和激励机制的失效称为系统性失效。就科技成果转化这一环节而

---

① 樊宏，李虎. 基于 DEA 方法的广东省科技投入产出相对效率的评价［J］. 科学学研究，2009，26（2）：339 - 343.

② 李习保. 区域创新环境对创新活动效率影响的实证研究［J］. 数量经济技术经济研究，2007，24（8）：13 - 24.

③ 邓练兵. 中国创新政策变迁的历史逻辑［D］. 武汉：华中科技大学，2013.

④ Hagedoorn J, Narula R. Choosing Organizational Modes of Strategic Technology Partnering：International and Sectoral Differences［J］. Journal of International Business Studies, 1996, 27（2）：265 - 284.

言，郭强等（2012）①、朱宁宁和王激激（2012）②的研究发现政策和制度也是重要影响因素。

部分学者认为，为推动国家创新体系建设，提高创新能力，政府应加强制度建设。政府是科技创新体系中的行为主体之一，影响科技资源配置效率。针对美国科技政策失效问题，Bozeman 和 Sarewitz（2011）认为政府主导的科技政策容易带来垄断问题，基于市场失灵的角度制定科技政策容易导致科技政策的失效③。党文娟、张宗益和康继军（2007）认为市场化程度对区域创新能力有促进作用④。吴敬琏（1999）指出技术创新的背后是制度创新，应在公平、有序的市场条件下发挥政府的作用⑤。政府和市场在科技创新领域都发挥着重要作用，两者的配合是促进科技资源配置效率提升的关键，也决定着政府科技投入效率。

刘尚希和韩凤芹（2013）通过研究科技与经济的融合，发现大量科技成果无法在经济发展中得到应用，同时经济运行中的科技需求却无法得到满足，科技与经济"两张皮"，问题的根本症结在于体制和机制的制约，集中体现在管理体制中的"条块分割"、政府越位干预市场、政府缺乏对企业创新的风险分担机制等方面，科技体制改革的目标在于科技与经济的融合，而政府职能的明晰定位则是体制改革的基石，中央科技资源使用效率的提升需要政府在管理体制和机制上的创新⑥。

———————————

① 郭强，夏向阳，赵莉. 高校科技成果转化影响因素及对策研究［J］. 科技进步与对策，2012，29（6）：151－153.

② 朱宁宁，王激激. 我国科技成果转化典型模式及影响因素研究［J］. 科技与管理，2012，13（6）：34－37.

③ Bozeman B, Sarewitz D. Public Value Mapping and Science Policy Evaluation［J］. Minerva，2011，49（1）：1－23.

④ 党文娟，张宗益，康继军. 创新环境对促进我国区域创新能力的影响［J］. 中国软科学，2008（3）：52－57.

⑤ 吴敬琏. 制度重于技术——论发展我国高新技术产业［J］. 经济社会体制比较，1999（5）：1－6.

⑥ 刘尚希，韩凤芹. 科技与经济融合：中央科技资源的组织方式变革研究［M］. 北京：经济科学出版社，2013.

吴海林和彭纪生（2001）① 通过评价科技体制改革的绩效，发现中国科技与经济脱节的现象在较长时期内形成并存在，科技资源配置失效，1985 年以来提出的科技体制改革效果并不理想。邓练兵（2010）认为中国科技创新政策过度抑制了市场机制的正常运作，对科技创新资源中来自市场的部分产生"挤出"和"替代"效应，使私人资本对科技创新的投入减少。胡凯、杨雄辉（2010）认为创新政策存在失灵，可以通过政策决策机制和执行机制的优化予以矫正。

集中决策的计划经济体制中，在事前通过行政手段对项目进行甄别和评判，项目被确定后往往难以终止；分散决策的市场经济体制中，通过市场机制对项目进行甄别，在研发成本较低时，市场机制更有效，而行政机制与研发投入成本的关系不大（Qian、Xu，1998）②。

（2）政府间关系的影响

不能忽视的是，政府间关系是影响财政科技投入效率的重要因素。各层级政府之间的协作是解决各层级政府对科技创新奖励政策失调的途径，Feller（1997）认为美国联邦政府应该通过科技创新奖励和资助来激励州政府积极加入到联邦和州政府的联合项目中③。从中央和地方政府的角度研究政府科技投入为研究中国政府对科技创新的财政支持提供了重要启示。由于中央财政对科技投入的弹性大于地方财政，刘凤朝、孙玉涛、刘萍萍（2007）认为地方政府对科技投入并不积极，通过中央财政科技投入对地方财政科技投入弹性的测度，认为中央政府科技投入显著影响地方政府科技投入④；但刘凤朝、马

---

① 吴林海，彭纪生. 中国科技体制改革的绩效评价与反思 [J]. 科学管理研究，2001，19（3）：52 – 55.

② Qian Y，Xu C. Innovation and Bureaucracy under Soft and Hard Budget Constraints [J]. The Review of Economic Studies，1998，65（1）：151 – 164.

③ Feller I. Federal and State Government Roles in Science and Technology [J]. Economic Development Quarterly，1997，11（4）：283 – 295.

④ 刘凤朝，孙玉涛，刘萍萍. 中央与地方政府财政科技投入结构分析 [J]. 中国科技论坛，2007（10）：65 – 68.

艳艳、孙玉涛[①]（2009）运用中央和地方财政科技投入的面板数据进行回归分析时发现，中央财政科技投入对地方财政科技投入的带动作用不明显，他们由此提出需从中央和地方进行双向优化。两篇文章的研究结果出现了较大差异，除所用数据的年份不同外，主要原因在于前者使用弹性分析的方式，后者使用了面板数据回归分析的方式，深入分析这两篇文章发现仅仅通过弹性分析或回归分析就做出中央和地方政府科技投入间的影响程度判断是缺乏严谨性的，政府间关系对政府科技投入的影响可能不仅仅体现于投入，也可能通过体制和政策来进行间接的影响。

闫凌州和赵黎明（2014）从府际关系动态演变的视角，分析央地关系对中国科技体制改革的影响，将地方政府进行科技体制改革面临的困境归纳为决策主体、产权归属和利益诉求三个方面的二元异质性，分别代表央地和部门间的权责不清、政府和企业产权归属不明、中央和地方目标不一致[②]。

武玉坤（2013）从省级地方政府的层面，通过研究不同层级政府财政科技投入比例和投向结构来分析地方财政科技投入体制，为财政科技投入效率研究中政府间支出责任的探索提供了启示[③]。除政府间关系外，科技投入在政府科研机构、企业、高校等不同部门间的配置也会影响科技投入整体效率，并且企业科技投入的增加有助于科技投入效率的提升（许治、师萍，2006）[④]。

财政部财政科学研究所"科技体制改革"课题组（2013）将中央和地方科技事权的划分列为科技体制改革的重要内容，关系国家创新体系建设、科技与经济的融合，从创新环境的新角度划分央地间科技事权，以解决政府宏观职能缺失、行政色彩过浓、央地事权同质化、创新激励机制缺失等问题，

---

① 刘凤朝，马艳艳，孙玉涛. 省区层面中央与地方财政科技投入结构分析 [J]. 科学学与科学技术管理，2009，30（12）：39－42.

② 闫凌州，赵黎明. 府际关系影响下地方科技体制改革的二元异质性困境与思考 [J]. 科技进步与对策，2014，31（3）：108－112.

③ 武玉坤. 地方财政科技投入体制绩效研究——以广东省为例 [J]. 科技进步与对策，2013（22）：116－120.

④ 许治，师萍. 基于 DEA 方法的我国科技投入相对效率评价 [J]. 科学学研究，2006，23（4）：481－484.

完善创新资源配置机制，提高资源利用率和创新效率[①]。

1.3　研究框架、思路和方法

1.3.1　研究框架和主要内容

本文的布局遵循论题、论证和论据的总体框架，主要章节内容如下：

第一章导论。主要介绍本文的研究背景以及研究意义，对现有的文献进行了梳理，包括研究内容、研究方法、分析框架和研究结论，鉴于对政府科技投入效率的研究相对较少，为增强研究深度，在文献整理过程中，将政府效率和科技体制也纳入文献梳理范围。

第二章政府科技投入效率的理论分析。介绍了本文研究中涉及的相关概念和理论，对科技创新的属性、政府科技投入的概念和必要性、政府科技投入效率的内涵和研究理论框架进行系统介绍。

第三章中国科技体制演变历程和政府投入现状分析。本章对政府进行科技投入的体制变迁进行了梳理，为定量分析奠定背景基础；然后对科技创新领域政府的投入规模、结构进行定量描述，并对相应的产出情况进行了分析，在此过程中与国外的情况进行了对照。

第四章政府科技投入效率测度整体思路。对不同维度下的政府科技投入效率以及效率的结构、影响因素进行了系统介绍，为第五章对政府科技投入效率的实证研究奠定框架基础。

第五章政府科技投入效率的测度与结果分析。通过构建测度指标、处理统计数据、建立模型对效率进行静态、动态测度和因素分析，一方面显示中国各地区政府科技投入效率情况，另一方面分析影响效率的因素。

第六章影响政府科技投入效率的因素。科技投入效率的基础是科技体制，

---

① 科技体制改革：中央与地方科技事权的划分［R］.财政部财政科学研究所，2013.

从国家创新体系的要求和体制、机制中存在的问题对第五章实证研究中所显示的结果进行深层次分析。

第七章政府科技投入效率的提升路径。在行为分析的基础上，根据第六章分析得出的问题，从政府定位、政府间关系和创新主体三个层面提出相关对策。

第八章创新科技体制、提升投入效率的相关建议，以及第九章主要结论。作为全文的结尾，整理归纳了全文的主要论点，并针对效率提升路径提炼出关键措施。

根据全文的布局和图 1-1 所示的技术路线，第三章和第四章构成了本文的历史背景、现状和框架，展示了所需研究的问题，第五章、第六章和第七章作为论文核心，依次对效率到底如何、为什么是这样和如何提高效率这三个问题进行了回答。

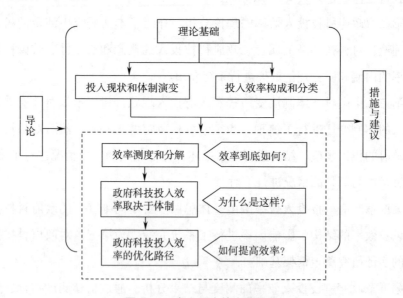

图 1-1　本文研究技术路线图

1.3.2　研究思路和方法

1.3.2.1　研究思路

在对政府科技投入效率评价内涵界定的基础上，效率的研究框架一方面是政府科技投入在科技创新各环节和阶段的投入产出关系，另一方面是在效率测度的基础上研究效率的构成，进而分析影响政府科技投入效率的因素。

投入与产出的关系体现效率，决定效率高低的是投入产出机制，包括制度与环境。目前对政府科技投入效率的研究主要有两种途径：一是政府科技投入与经济增长的关系；二是政府科技投入与科技领域产出的关系，第二条途径需要建立相关的产出指标体系，进行综合评价。

这两种途径的研究都基于科技创新价值链，科技投入经过科技创新形成相应的成果，通过成果转化进行产业化应用，进而实现科技投入的价值，推动经济增长。在整个过程中，科技投入的资金主要来源于政府与企业，科技创新的执行者主要是科研机构、企业和高校。政府是整个科技创新价值链的重要组成部分，政府的行为将对投入主体中的企业，以及执行主体中的科研机构、企业和高校产生重大影响。

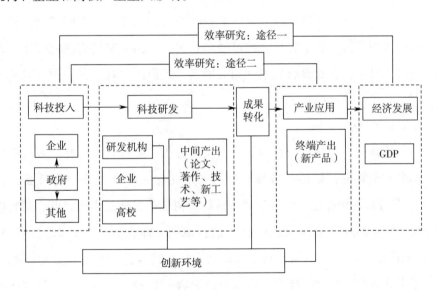

图 1 - 2 政府科技投入效率测度思路

如图 1 - 2 所示，途径一是将政府科技投入纳入整个社会大生产中予以考虑，最终的产出是经济发展，途径二是将政府科技投入归入全社会科技创新中予以研究。

根据科技创新价值链，在科技研发阶段，政府向科研机构、高校和企业提供经费支持，目前这类经费支持通过一系列科技计划，以项目的形式予以提供。在此阶段，政府科技资金主要用于基础性、战略性、前沿性科学研究和共性技术研究的支持，为全社会科技创新提供非排他性和非竞争性的知识类公共产品，其产出主要是论文、著作、技术、新工艺等。

在成果转化阶段，政府资金直接或间接投向科研机构或企业，支持其进行成果转化，比如火炬计划即此类资金支持方式。经过这个阶段，科研成果可实现与产业化应用的接轨，最终实现企业生产总值增加、产业结构调整和经济增长。

在科技创新过程中，政府资金除直接支持各创新主体开展研发活动外，还通过创造研发基础条件、加强专利保护等方式营造科技创新环境，激发创新活力，促进全社会科技创新投入，提高科技创新效率。

整体上，研究政府科技投入效率需要从两方面入手，一方面需要通过政府科技投入和产出的数量关系来测度效率；另一方面需要研究决定效率的政府科技投入机制，以及影响效率的相关因素，提出改善政府科技投入效率的对策。

1.3.2.2 研究方法

（1）实证分析与规范分析相结合。实证分析，通过政府科技投入过程中表现出来的现象进行描述和解释，描述"现在什么样"以及"为什么是这样"。规范分析，根据已有的理论和公认的价值标准，通过主观判断，对政府科技投入应有的规律和应实现的目标进行说明，即找到"为什么这样"和"应该是什么"的理论依据。在本文的研究中，将规范分析和实证分析相结合，在实证研究中发现科技创新投入中政府资金相对规模与与政府科技投入效率负相关，通过规范分析的方法发现政府投入规模大不一定能够意味着创新能力强；在实证分析中证实了中国政府科技投入效率的改善受到现有资源配置机制的影响，通过规范分析认为在科技创新中应该注重于创新环境营造和带动全社会科技投入。实证分析与规范分析的结合，可以在实践与理论的结合中更加清晰和准确地发现问题的症结，找到解决问题的方向。

（2）静态分析和动态分析相结合。静态分析是分析在某一固定时点上，分析政府科技投入效率的情况，是对"现在什么样"的刻画，是通过对横截面数据的处理和分析获得的结果；动态分析是对一段时间或一个时期内政府科技投入效率情况的分析，是对"呈现什么样的变化"的刻画，是通过对面板数据的处理和分析获得的结果。在分析影响政府科技投入效率的因素时，运用中国各地方政府科技投入与产出的面板数据，比较各年效率的变化情况以及导致变化的因素更为准确。静态分析与动态分析的结合可以将现在的情况以及过去到现在的动态变化展示出来。

1.4　研究的创新点和不足

1.4.1　本文可能的创新点

第一，研究视角有一定的新意。根据对已有文献的搜索，现有文献对政府科技投入的定性研究一般选择科技政策、科技体制等角度，定量研究多选择投入规模、投入结构或者与经济的关系等角度。本文从效率的视角研究政府科技投入，在效率测度的基础上，将国家创新体系内各主体的行为作为突破口，解释制约效率提升的原因，对探索科技体制改革有一定的启示。

第二，梳理了现有统计口径。针对中国现有反映科技创新的两套统计数据：财政预算数据和R&D活动调查数据，进行对比和梳理，分析了两者之间的区别以及适用范围。

第三，系统构建政府科技投入效率测度框架。将通过距离函数测度生产效率的方法借鉴至政府科技投入效率，运用定量分析的方式，将效率进行测度和分解，在政府科技投入效率的概念范畴内对测度结果中的指标做了系统界定。

第四，在效率测度结果的基础上透过行为分析科技体制问题。根据效率测度结果，资源配置机制成为阻碍政府科技投入效率提升的重要因素。政府与市场的关系、中央和地方的关系构成了各级政府、政府各部门、各创新主体的行为规范和目标函数。通过对行为的分析，对科技创新中出现的相关现象进行了解释。

第五，丰富了政府科技投入效果不理想的理论解释。一方面是对科技创新需求的管理问题，政府过度代理需求，资金供给方向有偏差；另一方面是实践中的投入手段的作用过多倾向风险转移，并未充分发挥降低风险的作用。

1.4.2 本文研究不足之处

第一，研究对象的范围有待进一步扩充和细化。未来可探索政府科技投入效率与经济社会发展质量的关系、进行中国与其他国家的对比，针对政府科技资金在不同科技创新行为主体中的使用效率也是可以细化和深入研究的方向。

第二，影响效率的体制因素有待进一步深入分析。科技体制是影响政府科技投入效率的关键因素，从效率的视角观察科技体制改革，深入分析如何利用财政工具和手段来配合科技体制改革将是需要加强和完善的。

2

政府科技投入效率的理论分析

2.1　本文理论基础

本文的研究基础涉及两个方面：一是政府支出理论，包括公共产品理论、公共选择理论和委托代理理论，二是科技投入及科技资源配置理论，包括国家创新体系理论、内生经济增长理论和资源配置理论。

2.1.1　政府支出理论

2.1.1.1　公共产品理论

公共产品在消费者之间不可分割，当消费者增加时，该公共产品的边际成本为零，且公共产品使消费的边际拥挤成本为零。公共产品具有本身的特性，包括效用不可分割性、消费的非竞争性以及收益的非排他性。公共产品的这些性质导致在公共产品消费中存在"搭便车"行为，使私人资本缺乏进行投资公共产品的动力，进而造成市场机制的失灵，这也是政府进行公共产品供给的重要理论依据。市场交易仅适用于具有排他性和竞争性的私人物品，由于公共物品的特性，在市场机制下公共物品无法实现等价交易，此时需要政府的干预。依据公共产品理论，政府是市场运行环境的营造者，履行组织、管理和监督职能，在为市场运行创造外界条件的同时，为公共产品的供给提供支撑和调控。

2.1.1.2 公共选择理论

公共选择理论认为公共选择是各利益主体按一定规则对公共产品、公共政策、公共资源等共同确定的集体行为，是非市场化的集体选择通过非市场性的决策方式对资源进行配置。Buchanan 和 Tullock（1962）[①] 将财政视为公共部门的经济，研究了公共物品的生产和分配。公共选择理论建立在个体选择和个人理性的基础上，通过经济学的逻辑来研究集体选择，公共产品的选择转化为社会利益的矛盾问题。依据公共选择理论，一方面，政府需要解决市场机制中因"个人偏好"导致市场无法供给公共产品的问题，政府将财政投入作为干预公共产品供给的重要工具和手段，通过市场机制对公共产品实现供给和消费；另一方面，避免公共产品供给中"功利主义"的产生，调整公共产品的内部结构。

政府失灵是公共选择理论研究的核心问题之一，在市场经济中，政府对市场的干预具有一定的局限性。市场并不完美，市场机制追求的是效率而非公平，各经济主体的行为更多的是从自身利益出发，处于垄断地位的利益主体有动机抑制市场机制，降低资源配置效率。在利益集团的影响下，政府对公共资源的配置可能出现失灵。公共选择理论提出通过公共决策体制改革和市场化改革来解决政府失灵的问题，将市场竞争机制融入政府决策中，加强对政府的约束，实现政府与市场的配合。

公共选择理论将经济人假设引入政府决策，在面对选择时，政府官员同样会呈现出经济人特性，追求个人效用的最大化，偏离公共福利最大化的目标。政府进行科技投入时，政府部门具有垄断性，不管是从部门的角度还是从部门人员的角度都具有扩大权力的动机，从利己的角度做决策。若政府过

---

① Buchanan J M, Tullock G. The Calculus of Consent ［M］. Ann Arbor：University of Michigan Press，1962.

度干预市场，在体制不完善的情况下，政府科技投入的效率必然受到影响。

2.1.1.3 委托代理理论

由于专业化的出现，委托人通过契约赋予代理人相应的代理人，并按照代理人所提供的服务支付相应的报酬。委托代理理论研究的重点在于在委托人和代理人间出现利益冲突或信息不对称的情况下，如何通过契约的形式激励代理人。

委托代理理论源于 Berle 和 Means[①] 对企业治理中所有权与经营权分离的研究，现代委托代理理论已发展至政府、经济、社会等领域，将政府与公众、政府层级间形式上的法权关系视为契约关系的一种。政府科技投入是建立在公众与政府、中央与地方、政府部门间的一种契约关系，政府与市场、政府层级间在宏观与微观方面具有信息不对称，具有不同的信息优势。由于相对优势的存在，委托代理关系是必要的，随着委托代理关系层次和信息不对称程度的增加，委托代理的成本会增加，随之而来的是效率的降低，因此需要制度完善和体制改革形成相依的激励约束机制，降低委托代理成本。契约关系要求代理人在受托责任内对委托人负责，政府与公众、政府层级间的委托代理关系为实现财政投入效率提供了支撑。

2.1.2 科技投入及科技资源配置理论

2.1.2.1 国家创新体系理论

国家创新体系最早由美国学者 Nelson（1987）和英国学者 Freeman（1987）分别提出，是指由国家的公共部门和私有部门共同组成的组织和制度网络，但二者均没有对国家创新体系的概念进行明确定义。OECD（经济合作发展组织）对国家创新体系进行了广泛深入的实证研究，定义了国家创新体系是"公共和私人部门中的机构网络，这些部门的活动和相互作用决定着一

---

① Berle A A, Means G G C. The Modern Corporation and Private Property［M］. Transaction Publishers, 1991.

个国家扩散知识和技术的能力，并影响着国家的创新业绩"。国家创新体系的功能在于创造、传播和使用新知识和新技术，其本身以制度合同体制为基础和前提，具有系统性和完整性，国家创新体系的作用是否有效发挥影响着国家创新能力。广义的国家创新体系包含政府、高校、研发机构、企业、服务机构等，这些主体都将参与到科技创新资源的配置中，政治、文化和经济等因素在该体系内一起影响科技创新活动。

Freeman（1987）不仅将国家在技术上的追赶归结于技术创新，更将其视为制度和制度创新带来的，国家创新体系的发展带来国家在技术上的跨越和追赶。OECD（1996）认为创新是不同主体和机构间相互作用的结果，国家创新体系中的政策工具应纠正技术创新中存在的系统失灵和市场失灵，弥补私人资本短视带来的投入不足。Porter（1990，2011）[1][2]在全球背景下审视国家竞争力，将技术创新能力视为国家竞争优势的基础，国家创新体系的微观机制有了宏观运行环境。国家对创新主体而言是其创新环境的一部分，能够对企业、研发机构等创新活动执行主体形成推动或者阻碍作用，因此创新环境的优化需要政府发挥一定的作用。国家创新理论将国家的科技创新要素与制度要素相结合，重视发挥政府在科技创新中的作用，政府通过公共产品供给、制度完善、政策制定等职能推动技术创新。

2.1.2.2　内生经济增长理论

内生经济增长理论将技术创新视为经济增长的源泉，技术进步又源自知识积累，技术进步源自经济系统部门，最终经济增长由经济系统本身决定，由此，内生经济增长理论为解释经济增长提供了新的视角和方法。在内生经济增长理论中，技术外部性、干中学模型、R&D 内生增长模型都具有良好的视角，为本文提供了理论支撑。

知识源自企业追逐利润过程中参与的 R&D 活动，R&D 活动所带来的知识

---

① Porter M E. The Competitive Advantage of Notions ［M］. New York：Free Press，1990.

② Porter M E. Competitive Advantage of Nations：Creating and Sustaining Superior Performance ［M］. Simon and Schuster，2011.

积累促进了经济长期增长。R&D 内生增长模型将知识进行了内生化处理，知识积累成为了经济增长的原动力。与索洛模型相比，R&D 内生增长模型的解释能力更强，知识和技术将对资本以及劳动产生直接作用。

源自提高生产效率、追逐利润的动机，使企业自愿进行 R&D 投入，积累相应的知识和技术，由于知识和技术外溢性的存在，全社会知识和技术的积累增加，全社会生产函数出现规模收益递增。Romer（1990）认为 R&D 投入所产生的知识和技术虽然具有消费的非竞争性，但同时也具有部分收益的排他性，因此企业具备 R&D 投入的动力，产权保护可以使企业获得知识和技术的租金，增强排他性。由于知识和技术外溢性的存在，企业 R&D 投入实现的收益并不能由企业全部占有，其他未进行 R&D 投入的企业由于外溢性的存在获得了相应收益，进而导致私人资本 R&D 投入不足，内生经济增长理论强调了政府在知识和技术有效供给中的作用。

2.1.2.3 资源配置理论

资源配置是对具有稀缺性的资源做出用途上的选择，资源的稀缺性导致对资源配置效率的研究。经济体资源配置是否有效率决定了其发展水平和发展能力。资源的配置通过一定机制实现，代表行政机制的政府和代表价格机制的市场成为影响资源配置的重要力量。

古典经济学认为自由市场中，每个人在利己动机下对自身利益的追求使市场机制实现对资源的高效配置。新古典经济学设定了严格的假设条件，包括理性经济人、完全竞争市场等，在严格假设条件下，一般均衡理论证明了市场机制可以实现对稀缺资源的有效配置，Pareto（1897）提出的帕累托最优概念，成为资源配置最优状态的标准。

帕累托最优状态要求任何人的利益增加都不能以他人利益受损为代价，这种理论上的状态在现实生活中难以实现，由此带来了"补偿原理"的产生，即通过改变资源的配置使受益者可以补偿受损者的损失，最终使全社会收益增加，那么对资源配置的改变将实现帕累托改进。公共政策往往将改变资源的配置状态，补偿原理也成为了公共政策是否可行的理论依据。

效率是资源配置状态的刻画，政府科技投入效率也是科技创新资源配置效率的一部分，代表了政府科技投入资源的配置状态。帕累托最优状态在理论上具有指导意义，但缺乏实际测度的方法，因此在本文中将结合技术效率的测度方法实现对政府科技投入效率，即政府科技投入资源配置效率的测度。

2.2　科技创新的基本属性

科技创新包括知识创新和技术创新，也有学者将其界定为科学原创和技术创新。前者是指人类在认识自然的过程中，发现和发明具有规律性的知识；后者是指人类为改造自然的过程中，发明和发现的新技艺。虽然随着社会不断进步以及科技创新水平不断提高，知识创新和技术创新之间的关系由分类演变为交叉和融合，但科技创新的基本属性并没有发生变化，依然具有高外溢性和高风险性。

2.2.1　科技创新成果具有高外溢性

Arrow（1962）将技术创新中的市场失灵归结于创新成果的外溢性。相对于技术创新，知识创新的外溢性更强，Romer（1986）的知识溢出模型提出，知识创新的正外部性使社会边际收益与私人边际收益存在差异，进而导致市场失灵。不管是知识创新还是技术创新，都具有较强的外溢性。以技术创新为例，非创新者可以模仿创新者，并对科技创新成果进行复制，获得收益而无须支付报酬，非创新者比相对创新者具有成本优势，又不具有风险。

科技创新成果并不能界定为完全意义上的公共产品，其依据是公共产品的基本属性：效用不可分割和消费非竞争。效用不可分割是指产品向全社会共同提供，具有共同受益和享用的特点，技术上不能将产品的效用进行分割，然后分别归属于某些个人或企业。科技创新成果与这一属性并不完全相符，科技创新成果的一部分可以通过专利保护等方式实现价格分割效用，将其提供的部分利益由其所有者占有，也就是说，这部分科技创新成果的收益可以定价，从而在技术上实现价格排他，使其具备非公共物品的性质。除这部分收益外的部分，依然由所有者以外的人或者企业享有，而且不可分割，即产生外溢性。

科技创新成果的强外溢性还得益于其典型的消费非竞争性，科技创新成果，如专利、论文等，一个人或企业的使用并不会减少科技成果的数量或者质量，因此也不会影响其他人或企业同时使用。这就意味着，增加一个消费主体，并不会减少任何一个人或者企业对科技成果的消费数量，也不会降低消费质量，即增加一个消费主体带来的边际成本为零。而且对科技创新成果的消费并不存在拥挤现象，也就是消费科技创新成果的拥挤成本也为零。

科技成果的上述特性符合布坎南对利益外溢性准公共产品的界定。科技创新的外溢性有两方面的影响，一方面是对跟随者，科技创新投入者通过科技创新为社会创造更高的边际收益，增加整体社会财富，跟随者通过溢出效应，减少了创新投入和风险，加快成果扩散，分享收益增量；另一方面是对科技创新投入者，由于无法完全获得科技创新所带来的全部收益，但又要承担科技创新的全部成本，市场机制的价值获取动机不足以使企业和个人提供足够的科技创新，反而跟随者的动机更易于加强。

2.2.2 科技创新过程具有高风险性

根据国外学者的统计，能够推向市场的创意仅有 1/3000[1]，根据我国学者学者的研究，高科技企业研发的技术在市场上获得成功的概率也仅有 2.16%[2]，由此，科技创新过程中的风险性可见一斑。

科技创新本质上是对未知的探索，不确定性伴随着整个过程，因此科技创新中的高风险是客观存在的。科技创新的过程并非标准化生产线，不能实现入口投入资源，在出口就一定能出现期待的成果，科技创新是网络化演进

---

① 瓦莱里著，战洪起等译. 工业创新 [M]. 北京：清华大学出版社，1999.

② 李富强，葛新权，何燕生等. 知识经济与知识产品 [M]. 北京：社会科学文献出版社，1998.

的复杂过程，高风险始终存在于这一过程中。高风险的客观存在导致在市场机制下，仅依靠个人和企业投入无法满足科技创新的需求。

科技创新中的高风险具有不同类型。可以按照造成风险的来源，将科技活动中的风险分为技术风险、市场风险、政治风险和伦理风险四类①，而技术风险和市场风险是科技创新风险的主要源头。对于技术风险，哈特曼（2003）将技术风险的内涵由技术创新拓展至科技创新，技术风险是由科技创新中的创新手段、路径、工艺、条件等引起的风险；市场风险是指科技创新在市场机制中面临的风险，包括科技创新投入规模大、回收周期长、成果产业化成本高、成果的应用不符合消费者需求、成果在市场上应用的活力无法由特定公司占有（外溢性）等；政治风险的产生是因为科技创新带来的科技进步往往会改变原有技术利益格局，牵扯到政府利益的博弈和斗争；伦理风险是指新知识或者新技术给人类社会带来新的伦理问题，包括信息技术、生命科学等方面。

在此基础上，按照风险的影响层面可分为微观风险和宏观风险，其中微观风险是指单一科技创新活动中的风险，技术风险是微观风险的主要部分；宏观风险是制度、体制等环境因素带来的风险，市场风险、政治风险和伦理风险属于宏观风险的范畴。

此外，科技创新中的风险是分阶段的，泰奇将研发活动分为基础研究、共性技术研究和应用研究，苏竣（2014）将科学技术活动分为基础研究和应用研究，也有学者将科技创新分为知识创新和技术创新②。不管如何划分，泰奇的风险曲线都体现了科技创新过程中风险分布的阶段性。各个阶段科技创新的风险有差异，整体上越接近于创新的源头（基础研究或知识创新），失败的可能性越大。

---

① 哈特曼 G，梅耶斯 M. 技术风险、产品性能和市场风险［M］. 北京：忠心出版社，2003：32.
② 苏竣. 公共科技政策导论［M］. 北京：科学出版社，2014.

2.3 政府科技投入效率的概念

2.3.1 政府科技投入的内涵

政府科技投入是政府对科技资源的配置，为社会各行为主体进行科技创新活动营造环境，建立和健全科技创新体系。政府是科技创新投入的重要主体，财政是科技创新资金的重要来源。政府科技投入的重要作用也是其他科技资金来源所不能取代的，财政科技投入是引导社会科技投入、优化科技创新资源配置、实施创新驱动发展战略的重要手段，是政府对科技创新重视程度的重要指标。

中国政府科技投入的渠道众多，形式多样，统计口径缺乏统一性。因此有必要对政府科技投入的概念及其内涵进行界定。从一般意义上讲，政府科技投入由两部分组成，一是直接投入，在中国主要体现为国家财政资金中直接用于科技创新的支出，安排用于科学技术活动的个性投入；二是间接投入，主要包括税收优惠、金融担保等能够促进科技创新的政策。政府科技投入广义上包含公共研发部门投入、对企业的财政资金支出、科技税收优惠；狭义上不包含科技税收优惠。目前缺少对间接投入的统计，本文讨论的政府科技投入是直接投入。综合来看，政府科技投入是政府对科技活动的直接财政投入。通过合理配置政府科技资源，可以引导和带动全社会科技投入，营造创新环境，实现全社会科技创新资源的优化配置，实施创新驱动战略。

财政对科技创新活动的投入形式多种多样，不同形式的投入特点不同，主要可分为三种模式：第一种是全额财政拨款，投入对象主要是高校与科研机构，这部分资金主要用于基础研究、共性技术开发、创新条件与环境建设，资助对象的外溢性较强。第二种是部分资助，财政资金与社会资金共同承担创新风险，也是政府和市场共同作用，比如支持企业联盟开展竞争性前共性技术开发，对企业的研发活动进行后补助，分担企业风险。第三种是设立政策引导基金，引导金融机构进行风险投资，具体手段包括信用担保、政策性贷款等。

目前体现政府科技投入的统计指标主要是两个，一个是政府收入分类科目中的科学技术支出，另一个是 R&D 经费内部支出中的政府资金。根据 2007 年改革后的政府收支分类科目，财政科技投入包括科学技术管理事务、基础研究、应用研究、技术研究与开发、科技条件与服务、社会科学、科学技术普及、科技交流与合作、科技重大专项和其他科学技术支出等内容。

政府科技投入有其本身的特点，在科技投入的目标、领域以及决策方式方面与其他科技投入存在典型差异：在投入目标方面，政府科技投入体现政府在科技创新中的职能，弥补市场缺陷，而不以营利为目的；在投入领域方面，政府科技投入以公共性领域和非竞争性领域为主，具有较高的外溢性；在决策方式方面，政府科技投入体现政府行为，这种政府行为理论上是集体行动决策，与建立在个体基础上的市场行为存在本质区别。

2.3.2 效率的内涵及其构成

"效率"在汉语中解释为"单位时间完成的工作量"，在英文中则表示某一系统的投入产出比。效率是经济学中的基础性概念，也是财政理论的重要组成部分。在已有研究中，对效率做了较多论述，并取得了相应的成果。效率的基本概念是指投入与产出或成本与收益的关系。

在经济学视角下，效率这个概念中的产出或收益指的是能够满足人们需求的有用物，产出是指生产过程中创造的各种有用的物品或劳务，它们可以用于消费或进一步生产，能够满足人类需求，生产过程的产出可以直接观察，而消费的"产出"不能直接观察到。投入或成本是指利用一定的科学技术生产商品和服务的过程中所需使用的生产要素，包括劳动和资本。因此，效率在一般意义上是指现有生产要素与它们所提供的人类满足之间的对比关系。效率的内涵中，用于表示需求满足程度的效用被引入，衡量的是能够为人们提供的满足程度。

　　经济学研究一个社会如何利用稀缺资源生产有价值的商品，并将它们在不同的个体之间进行分配。由于资源的稀缺性和需求的无限性，社会必须有效利用这些资源，而稀缺的状态是相对需求而言的，进而产生了追求效率的必要性。一个经济体被描述为"有效率"时，是指这一经济体用一定的技术和生产资源为人们提供了最大可能的满足，效率在经济学范畴内是指资源的有效配置和有效使用。

　　萨缪尔森认为效率是指最有效地使用社会资源以满足人类的愿望和需要。在不会使其他人境况变坏的前提下，如果一项经济活动不再有可能增进任何人的经济福利，则该项经济活动被认为是有效率的①。在效率概念的基础上，法雷尔（Farrell，1957）提出了经济效率的概念，并将其划分为技术效率和配置效率②。技术效率是指在既定技术水平和投入水平条件下，获得最大产出的能力；配置效率是指在既定投入品相对价格和生产技术条件下，使用最佳投入品比例的能力。怀特塞尔（Whitesell，1994）将经济效率界定为给定生产目标下的生产能力，将其分为技术效率和配置效率，并将技术效率定义为实际产出和潜在产出的比较，配置效率是指按照成本最小化方式进行投入要素的组合③。在对技术效率和配置效率的界定中，法雷尔和怀特塞尔所持的观点类似。科埃利（Coelli，2005）等将规模效率独立于技术效率和配置效率进行单独论述，将规模效率定义为靠近最优生产规模而引起的生产率增加量④。

　　效率的内涵包含：（1）投入既定时单产出的技术效率；（2）资源一定情况下，通过生产要素和产出流动，实现为人们提供最大满足和需要的配置效率；（3）不改变技术条件，同比例增加投入要素，提高净收益的规模效率。

　　① 保罗·萨缪尔森，威廉·诺德豪斯著. 萧琛译. 经济学（第18版）［M］. 北京：人民邮电出版社，2008.

　　② Farrell M J. The Measurement of Productive Efficiency［J］. Journal of the Royal Statistical Society. Series A（General），1957，120（3）：253–290.

　　③ Whitesell R S. Industrial Growth and Efficiency in the United States and the Former Soviet Union［J］. Comparative Economic Studies，1994，36（4）：47–77.

　　④ Coelli T J，Rao D S P，O'Donnell C J，et al. An Introduction to Efficiency and Productivity Analysis［M］. Springer，2005.

效率的外在表现是"人尽其才、物尽其用、货畅其流、地尽其力①",在真实的经济生活中,技术效率、配置效率和规模效率相互融合。当前经济学界对技术效率和配置效率的描述较多,而规模效率因不易观察,除规模效应的研究外,多融入效率的大概念中进行研究。

在观察一个厂商仅生产一种商品时,在一定投入的条件下,不考虑其生产要素购买和产品销售的过程,所能达到的最大产量更多地被描述为技术效率。技术效率的研究不考虑消费过程,使用生产可能性边界(Production - possibility Frontier)进行表示,即在技术知识和可投入品数量既定的条件下,一个经济体所能得到的最大产量。此时衡量产出的标准仅为其商品形态,不考虑其抽象的内在价值。技术效率研究限定为在没有生产要素流动、单产出的情况下,投入既定时的最高产出,或者是产出既定下的最低投入。

在经济生活中,除了单生产外还有多生产,除了生产过程外还有生产要素购买、产出销售的过程,生产主体、消费主体数量众多。当研究范围扩大,再观察效率的内涵,将过程由产出扩大至消费,研究对象随之由厂商扩充至消费者。并且,随着产出商品种类和经济体数量的增加,效率的内涵中需要融入资源配置意义上的效率。观察整个经济的效率,研究的是在经济体内全部生产资源和所有人总经济福利的对比关系。因此,在给定技术效率的假设前提下,研究经济效率的问题将集中于资源是否在不同生产目的之间得到合理配置,使其最大限度地满足人们的需要。

此时使用的配置效率(Allocative Efficiency)的概念,包含了交换效率的概念②。在满足需求的产出由生产者进入最终消费者的过程中,需要经过交换,每一次交换都是消费者根据自身需求和偏好进行资源交换,每一次成功的交换都将增加交换双方的效用,改善资源配置状态。

经济学中效率的研究是在实现技术效率的基础上探讨配置效率,资源配

---

① 厉以宁. 超越政府与超越市场——论道德力量在经济中的作用 [M]. 北京:经济科学出版社, 1999.

② 樊纲. 市场机制与经济效率 [M]. 上海:上海三联书店, 1992.

置机制在实现配置效率的前提下使经济体实现自身的技术效率。仅仅具有技术效率,反映在生产可能性边界上存在众多产出组合;同样如果生产和交换都是在可能性边界以内进行,那么资源配置的理论基础将不存在。

经济学中最深刻的结论之一是资源在完全竞争市场中的配置是有效率的。在实现配置效率的同时,竞争压力自动淘汰技术无效率和规模无效率的经济单元。但面对公共产品、信息不对称、垄断等因素,竞争均衡无法实现,那么在市场中无法自动实现帕累托效率,市场出现失灵,此时经济效率的实现就需要借助其他机制。

2.3.3 政府科技投入效率的内涵

政府科技投入效率是指政府对科技创新进行支持的财政资金与所取得产出和效用之间的比较关系,具体说就是政府支持科技的单位资金有多大程度地产生效用,这里面的效用不仅是政府科技投入本身作为生产要素投入产生的效用,也包含全社会科技投入所产生的效用。政府科技投入效率的期望是在支出一定的条件下,科技创新中的生产要素能够最大化满足人们对科技创新的需求。这里产出最大化的标准是通过政府科技投入使全社会科技创新产出最大化满足人们的需求。政府科技投入效率是资金配置合理性和资金运用有效性的有机统一。

资金配置的合理性包含一个前提和两个基本内涵:一个前提是市场和政府在全社会科技创新资源要素配置中的定位和角色,在科技创新资源配置中价格机制和行政机制发挥作用的边界;两个基本内涵一方面是指政府科技资金在不同支出方向间的配置是否具有效率,另一方面是指政府科技资金在各级政府和地区间的配置是否具有效率。政府科技投入的目的是提高全社会科技投入,提高科技投入的效能,政府科技投入效率是在技术水平既定、资金投入结构一定的情况下,一定资金投入规模所能产生的最大效用,或者一定的产出效用所需的资金投入规模最小化。

政府科技投入运用的有效性是指一定量政府资金投入无法在科技领域提

供更多符合质量要求的公共产品和服务，也就是在投入规模和结构一定的约束条件下，让政府科技投入资金发挥最大的效用。

市场因价格机制的资源配置机能而富有效率，公共领域也具有效率属性。在科技创新领域，政府通过科技投入提供相应的公共产品，弥补市场失灵，满足市场需要。政府科技投入效率研究的是政府通过财政支出所实现的最大化全社会效用和满足，包含政府资金弥补市场失灵方面的效率。在政府参与科技资源配置的情况下，在整个科技创新领域达到帕累托最优时，政府科技投入是"有效率"的。

科技创新成果作为一种产品，政府和市场均是该产品的供给方和消费方，行政机制和价格机制分别在政府和市场中完成资源要素的配置和产品的交换，实现生产效率和交换效率。财政科技投入是政府通过行政机制实现科技创新投入和产出的主要手段，是全社会科技创新的重要组成部分。除政府和市场外，社会也是科技创新的重要参与力量，但在本文中不予考虑。

通过效率一般性和描述性分析对政府科技投入规模和结构进行研究目前是主流，但无法满足对政府科技投入管理的需要，更无法达到现代财政体制和科技创新体系建设的需要。因此从效率的角度研究财政科技支出，分析政府科技投入对全社会科技创新的影响以及对经济社会发展的带动作用，是本文研究的主要内容。

2.4　政府科技投入效率的研究方法

政府科技投入效率是建设科技创新能力的保障，效率测度在政府科技投入效率研究中处于核心地位。效率本质上是衡量产出水平的指标，科技创新是社会生产中的一类生产，本文将政府科技投入和全社会科技创新产出作为该生产的投入和产出，效率是这一生产过程的投入产出比，强调的是单位科技创新产出能力。以效率为基础的能力的提升，可以避免因政府科技资源粗放式投入带来的资源配置扭曲和资源浪费，从而有利于提高科技资源的利用率。

仅仅扩大投入产出规模上并不能体现政府在实现"创新驱动"中的能力，更需要对效率测度予以关注，只有以效率为基础的科技投入才是可持续的。

2.4.1　效率研究的层次

效率具有静态特征和动态特征，这在政府科技投入效率的研究中需要分别予以测度，其中静态特征可用于在给定时点上对地区间的政府效率进行比较；动态特征是指效率的变化，表示在不同时点上科技创新能力的变化情况。效率这两个方面的特征都是政府科技投入能力的体现。影响效率的因素则是进行政府科技投入效率进行研究的另一层面问题。因此，本文在对政府科技投入效率进行研究时将从两个层面入手：一是对政府科技投入效率的静态特征和动态特征予以测度；二是对影响政府科技投入效率的因素进行挖掘和分析。

第一个层面是对政府科技投入效率的测度，通过投入产出比的分析对政府科技投入结果进行描述。在此层面的研究中将政府科技投入系统作为"黑箱"处理，仅对"黑箱"的行为结果进行分析，而对其内部运行机理的分析则需要借助对第二个层面影响因素的分析来进行。

第二个层面是对影响政府科技投入效率的因素进行分析，通过对影响效率的因素进行分析来透视决定效率的"黑箱"的运行机制和行为。通过两个层面的结合来为政府科技投入效率的改善提供相应的建议。

效率的测度是进行政府科技投入效率研究的基础，合理与科学的测度结果才有助于影响因素的分析和政策建议的提出，因此，选择合理的效率测度方法和框架是关键。

2.4.2　效率测度的方法

文献中对效率测度的研究一般源自法雷尔（Farrell，1957），其在 Debreu（1951）和 Kooprell（1951）研究的基础上提出了多投入厂商效率测量，并将经济效率分为技术效率和配置效率两部分,前者反映厂商在给定投入条件下获得最大产出的能力,后者反映在给定生产技术和价格下以最优的投入组合获得产出的能力。Farrell（1957）之后发展到目前的效率测度方法主要以前沿面分析为主,而前沿面分析的数理基础是距离函数。

距离函数的提出是测量效率的前提和重要工具,距离函数的概念与生产前沿面的概念密切联系,是通过前沿面分析进行效率测度的基础。距离函数最早由 Malmquist（1953）和 Shephard（1953）提出,距离函数允许在不界定行为目的的情况下描述多投入和多产出的生产,通过距离函数可以反映投入和产出向量的变化。给出投入向量,产出距离函数关注产出向量最大扩张程度;给出产出向量,投入距离函数关注投入向量最大压缩程度。

在规模报酬固定的假设前提下,Farrell（1957）对效率的测度思路可通过两种投入 C_1 和 C_2 的厂商模型予以阐述,如图 2-1 所示。

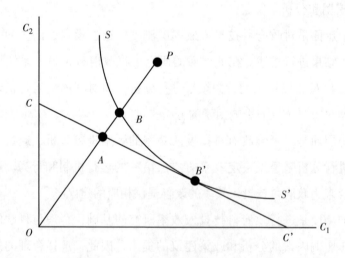

图 2-1　效率测度应用中的距离函数

图 2-1 中 SS' 是等产量成本曲线,表示可能性前沿面,即在产出为 Q 时的最小投入要素组合。不考虑 C_1 和 C_2 的价格因素,位于该曲线上的生产单元都是有效率的,也正是 Farrell（1957）所说的技术效率。如果现实中生产单

元需要通过 P 点的要素投入量去生产 Q，那么该生产单元的技术无效率可以用距离 BP 来表示，表示在产出不变的情况下，投入可以按比例缩减的绝对量。此时的效率通常用 OB/OP 表示，即 1 减去 BP/OP，是生产单元的技术效率程度指标。如果了解投入要素 C_1 和 C_2 的价格信息，CC' 表示等成本曲线，那么可以通过调整 C_1 和 C_2 的比例来降低投入成本。B' 点与 B 点的产出相同，B' 点与 A 点的投入成本相同，最终该生产单元可以通过处于 A 点的成本实现产出 Q，AB 代表由处于技术有效而配置无效的 B 点，调整至技术和配置均有效的 A 点时的投入节省量。由此可见，Farrell（1957）所提出的效率由技术效率 OB/OP 和配置效率 OA/OB 两部分构成。

在进行政府科技投入效率的研究中，缺乏投入要素的成本信息，因此在进行效率测度的过程中需要对 Farrell（1957）所提出的测度方法进行调整。政府科技投入效率的测度指的是该思路中技术效率的概念。在具体研究的过程中，对政府科技投入的效率点（B 点）的确认将是关键，效率点位于前沿面上，那么需要通过前沿面的确认来寻找效率点。

2.4.3　效率测度的模型选择

效率是经济学的基础性概念和研究核心。由于资源的稀缺性和需求的无限性，经济学的核心思想为资源是稀缺的，社会必须有效利用这些资源，而稀缺的状态是相对需求而言的，进而产生了追求效率的必要性。

但对效率的测度一直是困扰效率研究的难点，直到 Farrell（1957）提出分段线性凸包前沿性估计方法后才开始发展。测度方法的广泛应用是在 20 世纪 70 年代后，这得益于 Charnes、Cooper 和 Rhodes（1978）提出的数据包络分析（DEA）以及 Meeusen 和 Broeck（1977）提出的随机前沿面分析（SFA）。此后，DEA 模型和 SFA 模型成为效率研究的主流方法，在政府科技投入效率等方面得到良好应用。

构建前沿面是进行效率测度的核心，通过生产单元实际所处的位置与该前沿面的距离可以得到该生产单元的效率。通过这种方式获得的效率是相对效率,不同方式构建的前沿面不同,将使效率测度的结果不同。根据是否需要估计前沿面生产函数的参数,将效率测度的方法分为非参数分析法和参数分析法,前者的典型代表是数据包络分析(DEA),后者的典型代表是随机前沿分析(SFA)。

表 2 - 1   **DEA 和 SFA 特点对比表**

	DEA	SFA
数理方法	数据规划	函数估计
前沿面确认	前沿面固定,不考虑计量问题带来的误差	前沿面随机,通过统计误差和管理误差的区分来避免不可控因素影响
投入产出数量	多投入、多产出	多投入、单产出
误差来源	仅需要有观察值,误差来自异常观察值	需要对函数进行估计,误差来自函数估计偏差
数据要求	截面数据	截面数据和面板数据

DEA 方法通过数据规划模型测度相同类型的生产单元效率,前沿面由被测度单元集合中的最优者决定,主要是针对多投入和多产出的非营利性生产单元来测度效率;SFA 模型中,前沿面通过计量方法估计生产前沿函数,经济学理论基础较好,但只能测度单产出生产单元。

政府通过科技投入推动科技创新和促进经济社会发展,是一个多投入和多产出的过程,而且各地区间的差异较大。相较于 SFA 模型,DEA 模型在测度政府科技投入效率方面的突出优点在于多投入多产出的测度,无须预先设定生产函数。综合来看,使用数据包络分析(DEA)研究政府科技投入效率更为理想,而且通过与 Malmquist 指数的结合可以弥补 DEA 方法无法处理面板数据的不足。

因此,Charnes、Cooper 和 Rhodes(1978)提出了基于规模效益不变(CRS)假设的 DEA 模型,其后 Färe、Gross - kopf 和 Logan(1983)及 Banker、Charnes 和 Cooper(1984)拓展至规模可变(VRS)模型,Brown 和 Svension(1988)在此基础上对有效评价政府科技投入效率应具备的条件进行了说

明，并提出了使用 DEA 模型测度政府科技投入效率的方法。Lee、Park 等
（2005、2009）使用 DEA 模型对国家层面的 R&D 投入相对效率进行了分析，
研究显示，中国的 R&D 投入效率不足，远低于新加坡和日本。

现有文献对政府科技投入效率的测度，主要从以下两个方面进行：一是
从政府科技投入促进经济增长和带动社会科技投入的角度来测度效率（刘春
节，2006；张金胜，2011；Sternberg，1996；Dominica et al.，2000；Robin，
2010；Jolly、Zhu，2012）。上述文献的研究结论主要为，政府科技投入有利
于带动社会投入、推动经济增长，影响效率的因素主要是：投入规模不足、
结构不合理。二是确定科技产出的目标，从投入产出的角度测算政府科技投
入效率（张青、陈丽霖，2008；尚虎平、叶杰、赵盼盼，2012；师萍、安立
仁，2013；Eric、Wang，2007），这些研究成果为科技投入相对效率的测度提
供了方法和途径，其共性结论是：地区间与产业间效率差异明显，研发活动
存在规模不经济。在上述研究的基础上，本文利用非参数分析法对政府科技
投入效率进行测度，并对影响效率的因素进行实证分析，以中国 31 个地区为
研究样本，测度政府科技投入效率，分析效率差异和效率变化的原因，并实
证分析了相关影响因素。

2.5　本章小结

本章梳理了本文研究所需的理论基础，对政府科技投入效率的相关概念
和内涵进行了界定和说明，并对已有的效率测度方法进行归纳和比较。

（1）基础理论在本文中的运用

科技创新具有高风险性和高外溢性，根据公共产品理论，科技创新成果
的效用不可分割、消费非竞争、收益不完全排他，属于准公共产品。科技创
新的属性及其成果的准公共性，为政府科技投入提供了理论上的支持；内生
经济增长理论强调了知识和技术的作用，支持政府发挥作用实现知识和技术
的有效供给；国家创新体系理论为政府作用的发挥提供了方向，创新体系各

部门相互协调，科技创新资源要素与制度要素相结合，发挥政府公共产品供给、制度完善、政策制定等职能作用，营造创新环境；政府在科技投入中作用是否有效发挥则需要通过资源配置效率的相关理论予以衡量和解释。政府科技投入的过程中，如何发挥政府作用、如何进行投入决策、各主体的行为等问题都可能影响效率，公共选择理论和委托代理理论为解决影响效率的因素分析提供了相应的分析视角和理论支撑。

（2）政府科技投入效率是什么

政府科技投入效率是指政府对科技创新进行支持的投入与所取得产出和效用之间的比较关系。政府科技投入的目的是提高全社会科技投入，提高科技投入的效能。实现政府科技投入的高效率意味着：政府科技投入一定的条件下，科技创新中的生产要素能够最大化满足人们对科技创新的需求。政府科技投入效率是资金配置合理性和资金运用有效性的有机统一。资金配置的合理性包含政府与市场的边界、政府层级间关系、投入方向等方面的合理性。行政机制和价格机制分别在政府和市场中完成资源要素的配置和产品的交换，实现生产效率和交换效率。资金运用的有效性是指一定量政府资金投入无法在科技领域提供更多符合质量要求的公共产品和服务，也就是在投入规模和结构一定的约束条件下，让政府科技投入资金发挥最大的效用。

（3）如何测度政府科技投入效率

效率研究的层次。在对政府科技投入效率进行研究时将从两个层面入手：一是对政府科技投入效率的静态特征和动态特征予以测度；二是对影响政府科技投入效率的因素进行挖掘和分析。效率的静态特征可用于在给定时点上对地区间的政府效率进行比较，动态特征是指效率的变化。

效率测度的方法。通过生产前沿面和距离函数对效率进行测度，给出投入向量，产出距离函数关注产出向量最大扩张程度；给出产出向量，投入距离函数关注投入向量最大压缩程度。

效率测度的工具模型。政府通过科技投入推动科技创新和促进经济社会发展，是一个多投入和多产出的过程，非参数分析法在测度政府科技投入效率方面的突出优点在于多投入多产出的测度，无须预先设定生产函数。综合来看，使用非参数分析中的数据包络分析研究政府科技投入效率更为理想，而且与 Malmquist 指数的结合可以弥补数据包络分析中无法处理面板数据的不足。

中国科技体制演变历程和
政府投入现状分析

科技创新支出作为国家经济长期发展的基础，在政府投入中一直占有重要位置。从"科学技术是第一生产力"到"创新驱动"战略，中国的科技创新理念和战略不断提升，政府的科技投入也不断增加。对科技投入规模和结构的分析成为现状分析的主要内容。

在中国科技投入信息发布的内容中，财政科技投入、研发与试验发展经费是两项主要内容。2013 年，中国财政科学技术支出达到 6184.9 亿元，同比增长 10.4%，其中，中央财政科技支出 2728.5 亿元，地方财政科技支出 3456.4 亿元，同比增长分别为 4.4% 和 15.7%，支出占比分别为 44.1% 和 55.9%；2013 年全国研发与试验发展经费，即 R&D 经费内部支出为 11846.6 亿元，同比增长 15.0%，研究与试验发展经费投入强度提升至 2.08%。① 创新驱动战略的实施离不开政府科技投入，对政府科技投入效率的研究首先需要系统分析政府对科技创新投入的现状。

---

① 2013 年全国科技经费投入统计公报。

3.1 科技体制的演变历程

中华人民共和国成立以来，我国宏观科技管理体制改革与演变可划分为四个阶段。科技领导机构的变迁，展现了新中国科技管理体制的艰辛探索历程。

中国科技体制总的演变趋势是由政府计划到市场需求，创新主体由科研机构变为高校、研发机构和企业。在政府计划体制下，政府是资源配置的主导力量，这一体制一直延续到 20 世纪 90 年代中期。随着经济体制改革和社会主义市场经济体制建立，科技体制逐步由政府计划导向过渡至市场需求导向，并进一步向国家创新体系建设和创新型国家迈进。

3.1.1 计划经济时期（1949—1978 年）

1949—1978 年，中国处于计划经济时期，此时政府的科技投入机制处于社会主义计划经济体制下，具有明显的计划体制特征。

中华人民共和国成立初期（1949—1954 年），中国没有独立的科研体系，完全学习前苏联的科技创新模式，实行计划式的科技投入模式，全社会研发投入基本都来自政府，科研院所、高校是科技创新的主要执行部门，企业基本不开展科研创新活动，即使有部分研发项目，也是承担国家的研发任务。政府科技投入以中央为主，中央层面的科技投入主要由中国科学院、国家技术委员会、科学规划委员会等部门分配，其中中国科学院是中华人民共和国成立后最初的研发活动管理和执行中心，在 1949 年新政协一次会议通过的《中华人民共和国中央人民政府组织法》中规定中国科学院是科技创新的最高行政管理机构，除领导所属各研究所开展研发活动外，还组织、指导全国各方面科技创新工作。这种以中国科学院作为政府科技投入核心的模式一直持续到 1954 年底。

随着科研机构和高校的增多，中国科学院在科技创新行政管理中的作用开始弱化，但 1955—1978 年依然延续计划经济时期的特征，主要表现在：一是政府科技投入是全社会研发支出的唯一资金来源；二是政府科技投入的对象都是国有机构，研发机构、高校和企业均归国家所有；三是政府不仅仅是科技投入主体，还通过直接（直接管理科研机构）和间接（科技规划制订和实施）方式管理科技创新活动，科技创新中的人、财、物完全由政府通过行政手段进行配置；四是政府科技投入横跨科技创新所有领域，纵贯科技创新的全流程。值得注意的是，这一体制是在不稳定甚至是对抗模式中发展的，即或是注重结构、秩序、专业化管理但却强化了体制的层次化和组织的僵化，或是强调同经济或生产的结合，却严重忽视了专业化的训练和管理，不利于学术研究氛围的形成。

在该阶段，为使科技创新活动"计划性"和"行政性"，政府科技投入机制中的资金延伸至政府规划的具体项目，政府通过行政力量推动科技创新活动。这一阶段的政府科技投入机制反映了集中力量办大事的导向，集中资源解决阻碍发展的技术瓶颈。从政府和市场的关系看，以政府为主导，政府是科技投入的绝对投入主体，市场机制不发挥作用；从中央和地方的关系看，中央为主导，地方政府几乎不对科技创新进行相应的投入，大量科技资源集中于中央政府，投向国家重点项目，地方科技资源相对不足。

计划经济时期的政府科技投入机制存在一定的缺陷，主要表现为：一是政府科技投入具有计划上的刚性，与科技创新活动的不确定性不适应，与迅速变化的外部环境不适应；二是政府科技投入主要以国家需求为导向，与经济和社会发展之间的联系较少；三是行政力量的推动不利于研发人员积极性和创造性的发挥；四是政府各部门根据部门需要建立自己的科研机构，造成资源高度集中于中央政府下的部门力量分散。

3.1.2 经济体制改革和转型期（1978—1992 年）

这个时期（1978—1992 年）的主旋律是改革开放，通过改革从计划体制中走出来，强调科学技术作为生产力的重要作用，一方面通过科技体制改革调动科技工作者的积极性，另一方面着力解决科技与经济脱节的问题，明确提出"经济建设必须依靠科学技术，科技工作必须面向经济建设，努力攀登科学技术新高峰"。这个时期的主旋律有以下体现：

（1）开启科技体制改革，着手进行顶层设计

1978 年中央召开的全国科技大会动员全国重视科学技术，制定了《1978—1985 年全国科学技术发展规划纲要》，确定了八个重点发展领域。1981 年国家科委转发《关于我国科学技术发展方针的汇报提纲》，国务院提出：科学基础在国民经济中要真正发挥作用，基层单位之间应加强协作，密切联系，打破地区和部门界限；科研单位应向生产单位提供成果，开展咨询服务，科研单位与生产单位之间可以采用合同制，可以组成科研生产联合体。这一时期还制订了两个国家中长期科技发展规划：《1978—1985 年全国科学技术发展规划纲要》《1986—2000 年科学技术发展规划》。国家科技计划也源自这一时期，成为政府进行科技投入的重要形式，如 1986 年的"高技术研究发展计划"（863 计划）和 1988 年的"高新技术产业发展计划"（火炬计划）。

随着科技体制的改革，1985—1992 年的改革主要集中在政府科技投入机制，技术市场得以建立，科研机构更为灵活。1985 年发布的《关于科学技术体制改革的决定》标志着科技体制改革全面展开，具有重要的时代意义。《决定》鼓励企业、社会向科技领域投资，这标志着政府科技投入从"大包大揽"的计划模式中走出来了，通过政府科技投入带动社会投资的时代开启。

在此次改革中最为关键的是，改革政府对研发机构的投入制度，按照不同类型研发活动进行研发经费分类管理，对以技术开发为主的研发机构逐步推行合同制，逐步减少政府拨款，对基础研究和部分应用研究通过设立科学基金的形式予以政府投入。到 1991 年全国县以上政府部门所示的 5074 个自然科学研究机构中 1186 个不再需要政府投入。

（2）注重科技与经济的融合

与计划经济时期政府科技投入专注于科研成果不同，这个时期转向科技与经济的融合，避免研究、设计、教育和生产的分割，避免地区分割，强化企业技术吸收与开发能力，重视技术成果转化为生产力的中间环节，促进研发机构、设计机构、高校和企业的协作。

这一阶段的政府科技投入主要以促进经济发展为导向，服务经济建设。十一届三中全会确立了"经济建设必须依靠科学技术，科学技术工作必须面向经济建设"的基本方针。国家和地方在进行政府科技投入时，将与经济发展密切相关的领域和技术作为重点。这个时期《专利法》（1985 年）、《技术合同法》（1987 年）、《技术合同暂行规定》（1988 年）、《技术合同法实施条例》（1989 年）等法律法规的颁布也为技术市场的建立创造了制度条件。

这一阶段，国家对科技的战略思想在发生转变，由 1978 年的"全面安排，突出重点"到 1982 年的"科学技术是第一生产力"以及"四个现代化关键是科学技术现代化"，再到 1991 年的"经济建设必须依靠科学技术，科学技术工作必须面向经济建设"。从政府和市场的关系看，科技创新投入中市场的力量开始融入，但市场的力量还比较微弱；从中央和地方的关系看，地方开始面向经济发展，仿照中央，设置相应的科技计划，制订相应的科技规划，进行相应的科技投入。

（3）逐步形成适应市场经济的科技经费管理制度

在这一阶段的前半程，即 1978—1986 年，政府的科技投入依然主要沿用计划经济时期的单一行政配给制，仅在此基础上进行了小范围探索。1986 年后，财政科技拨款制度改革开始，与社会主义市场经济体制相适应的政府科技经费管理制度逐步形成。政府根据不同的科技活动对财政科技经费进行分类管理，并建立了国家科委归口管理的政府各部门科学事业费管理制度。财政部在国家科委（后改为科技部）的配合下形成科技财务会计制度。

这一时期的政府科技投入机制存在以下显著特点：一是促进科技创新与经济的融入，服务经济发展作为投入重点；二是探索利用市场（非行政）机制来配置科技资源，尝试发挥政府科技投入的带动作用；三是地方政府开始重视科技发展，地方政府的作用开始发挥；四是科技人员的积极性得以调动。

虽然这一时期科技体制改革取得突破，政府科技投入体制得以调整，但依然是在计划经济体制框架内进行改革，科技与经济脱节的问题并没有解决，政府科技投入体制仅是浅层次的变革，全社会科技投入依然主要依靠政府，中央政府依然政府科技投入的绝对主力，部门重复投入、资源分散的情况依然存在。

3.1.3 社会主义市场经济体制确立期（1992—2006 年）

社会主义市场经济体制在这一时期（1992—2006 年）得到确立，为政府科技投入机制的变革提供了巨大空间，建立了以社会主义市场经济体制为基础的科技投入机制，使科技体制改革得以延续。

（1）深化科技体制改革，提出建设国家创新体系

1995 年，"科教兴国"作为国家战略被提出，明确到 2000 年的目标是初步建立适应社会主义市场经济体制和科技自身发展规律的科技体制。此后，一系列法规规划的出台为科技体制改革创造了条件，如《中华人民共和国促进科技成果转化法》（1996 年）、《关于"九五"期间深化科学技术体制改革的决定》（1996 年）以及《关于加强技术创新、发展高科技、实现产业化的决定》（1999 年），科技体制改革得以深化，建设国家创新体系被提上议程。

在这一阶段，以促进生产力进步、产业升级和经济发展为目标的政府科技投入进一步明确。在全社会科技创新投入中，市场机制的作用进一步得到发挥，地方政府投入的积极性得以提高，地方政府的科技投入在政府科技投入中的比重不断上升，到 2006 年已成为不可或缺的力量。

以区域经济发展为导向、以产业升级为途径、根据区域情况突出重点的地方政府科技投入机制逐步形成，地方科技规划的指导方针转向"有所为、有所不为，总体跟进、重点突破，发展高科技、实现产业化，提高科技持续创新能力、实现技术跨越式发展"，逐步形成与市场经济相协调的科技投入机制。

不管是中央还是地方，政府资金不仅仅投入具体研发项目，还在科技创新环境的营造上加大投入，如 2006 年开始建设的国家科技基础条件平台。与此同时，区域间的差距也开始显现，部分地区政府科技投入规模偏低，产业发展落后，社会研发投入缺乏积极性。

（2）改革政府科技投入资金管理

这一时期制定的科技领域相关法律为政府科技职能提供了宏观上的规定，对政府科技投入的方向做了一定要求，如《科学技术进步法》（1993 年）、《科学技术普及法》（2002 年），而《国家自然科学基金条例》（2006 年）则是对政府科技资金使用的具体规定。

政府科技投入资金的管理改革方面，以 2000 年部门预算改革为核心，调整财政科技经费预算管理程序，国务院各部门和各直属机构的科学事业费直接纳入部门预算，按部门进行管理，不再由科技部归口管理。由此开始，科技部仅对本部门管理的科技经费实行二次预算分配，主要是以国家科技计划的形式拨付科技经费。

在具体的科研项目支持方式上，中国自 2001 年开始推行科研计划"课题制"和招投标制度，国家对科研活动的支持由稳定的经费支持转变为机构稳定支持和课题竞争性项目支持并重。课题制管理的推行是以上一时期所形成的国家科技专项为突破口，改革的主要目的是提高科技资金使用效率。为配合课题制的推行，科技部、财政部和审计署先后发布多项经费监管措施，2006 年《关于改进和加强中央财政科技经费管理的若干意见》出台，财政部、科技部联合发布国家主要科技计划经费管理办法，对这个时期政府科技经费管理的若干重大问题包括科技资源的配置和协调、财政科技经费支出结构、支持方式以及项目经费监管等提出指导性意见。

这一时期政府科技投入机制改革的主旋律是科技与经济、社会发展的融合。这个时期政府科技投入机制有以下特征：一是政府科技投入的出发点更多的是市场经济的内在需求，政府注意调动市场的力量，发挥市场的配置作用；二是地方政府成为科技投入中不可或缺的组成部分；三是企业创新能力获得重视，政府科技投入中支持企业创新以提高企业创新能力的比重增加；四是为提高资金使用效率，政府科技资金的支持方式转向课题制和稳定支持；五是政府对科技资金使用的监管力度加强；六是科技部在政府科技投入机制中的作用弱化，随着部门预算改革，政府科技投入的职能分布至政府各部门，科技投入被分散，交叉和重复的情况增多。

3.1.4 市场经济体制完善期（2006年至今）

政府科技投入机制不仅决定政府本身的科技投入规模和结构，而且影响全社会科技资源的配置。2006年以后，科技创新的指导思想由从十七大"提高自主创新能力，建设创新型国家"到十八大"实施创新驱动发展战略"，政府科技投入机制的探索得到加强，从中央到地方的科技投入中强化科技创新与经济的结合、强化企业技术创新的主体地位、完善科技管理、营造创新环境。

这一时期的政府科技体制融入了国家创新体系建设，是机构设置、管理权限和资金分配关系的综合体，不仅关注创新体系中的研发机构、高校等政府所属部门和机构，更多地从宏观和综合环境的角度考虑国家创新体系建设和国家创新能力的提升。这个时期逐步形成了统一领导、分级管理的投入体制，国务院国家科技教育领导小组是最高决策和管理机构，科技部、发展改革委、国务院有关职能部门、中国科学院等构成中央一级科技投入管理组织，地方政府、地方科技厅（局）、发展改革委等构成地方一级科技投入管理组织，由此形成自上而下的多级管理网络。

这个时期政府对科技创新工作的宏观管理主要体现在三个方面：一是通过制订中央和地方的科技中长期规划来进行战略层面的整体设计，使全社会对国家和地区科技事业发展现状、趋势、优势和目标有统一的认识；二是通过科技计划的部署和实施，以支持科研项目为具体手段执行国家和地区战略安排，集中政府力量解决制约经济、社会发展的战略性技术瓶颈；三是通过基金支持知识创新，改善基础设施，建设信息平台，改善创新环境，调动企业进行科技投入的积极性。

政府科技投入的资金管理由国务院统一领导，中央和地方分级管理。中央政府的科技经费由中央各部门管理，科技部虽然是进行科技宏观管理的部门，但并非管理全部中央科技经费。中央一级有7个部门是财政科技预算一级单位，其中的5个具有二次分配权（科技部、教育部、发展改革委、国家自然科学基金委员会、全国哲学社会科学规划办公室），各中央部门可根据部门需要和经费情况安排科研项目。地方科技经费的管理体系由省、市、县三级构成，管理模式具有"从上"性，即与上级政府具有很高的相似性。

这个时期国家创新体系逐步建立，政府在科技创新领域的作用和职能逐步清晰，企业在技术创新中的主体地位得到强化，技术创新市场的导向机制逐步健全。此外，政府科技投入直接进入研发项目的比重降低，转向创新环境营造，由微观干预转向宏观管理。在这个时期面临的问题也较为突出：一是如何通过政府科技投入更好地发挥市场机制在科技资源配置中的作用；二是如何解决中央和地方政府科技创新投入定位偏差；三是如何解决科技资金在政府部门间分散，缺乏协调的问题。从根本上讲，政府科技投入机制变革更多地关注效率的提升，发挥政府资金的调动作用，提升全社会科技创新能力，完善国家创新体系，提高国家和区域竞争力。

3.1.5 科技体制演变带来的启示

中华人民共和国成立以来科技体制的演变中，政府与市场的关系、中央与地方的关系是明线，思想观念的转变是暗线，遵循了"适应—发展—不适应—阻碍—改革—再适应"的螺旋式上升。在每个时期，科技创新资源的配置和国家创新体系的运行都不是某一因素单独作用的结果，是包含市场环境、社会环境、政治环境和文化环境共同作用的结果，政府科技管理体制、科技政策工具需要与大环境相适应，实现"创新驱动"。

从政府与市场的关系看，政府机制和市场机制是科技资源配置的两种机制，在科技创新中发挥相应的作用。改革开放前，中国在科技创新领域采用计划体制，通过政府计划的方式开展科技创新活动，分配科技创新资源。随着改革开放、科技体制改革的进行，中国初步建立适用市场经济的科技体制，形成了科研机构、高校、企业和服务机构相结合的创新体系。政府一方面通过政策的制定来影响科技创新活动。另一方面直接分配创新资源。由于科技创新本身具有高风险性和高外溢性，因此需要政府提供相应的公共产品。另外，科技创新最终要在市场中实现价值，这就需要借助市场机制的高效配置作用。政府与市场边界划分合理与否不仅直接影响着政府科技投入效率，也关系全社会科技创新的效果。

从中央与地方的角度看，中央和地方在科技创新中的责任划分影响着政府科技投入效率。各地区政府科技投入中不仅有中央财政资金也包括地方财政资金，而中央政府和地方政府在科技创新中的职能定位和目标不同，因此不能仅通过地域范围来区分中央和地方的职能范围。中央和地方责任划分不清，或者是责任划分不合理都将影响政府科技投入的积极性，损耗投入效率。

从思想观念看，中国近代造成科技创新能力不足的原因与"重道轻术"以及科技创新仅仅解决生产生活问题的观念密切相关。传统文化中缺乏科技精神，即使经历了近代启蒙，这种传统观念并没有消失。在改革开放后，政府加强了对科技创新的重视，强调"创新驱动"，但经济发展中依靠资源、环境和人口红利带来的粗放型经济发展使人们忽略了科技创新的作用。直到资源环境的瓶颈凸显，经济增长方式受到要素制约，社会才重新重视科技创新的作用。

此外，政府决策者往往追求财政投入效益最大化，而科技创新的投入往往周期长，风险性大，在此观念的驱动下，城市基础设施建设等领域更具吸引力。同时在投入方式的选择上，由于决策者往往希望看到投入的显性化，因此政府科技投入更多地以项目的形式进行，而创新环境营造、创新条件建设方面因为投入效果不易显现而缺乏资金投入。

社会对科技创新的观念影响政府科技投入的带动效果，政府决策者的观念则影响政府科技资金的投入规模和投入方式，观念决定行为，观念的偏差将影响政府科技投入效率。

3.2 政府科技投入规模与结构分析

政府科技投入的规模与结构是衡量政府科技投入的主要指标，规模反映政府对科技的支持力度，结构反映政府科技投入的方向。投入规模和结构的静态分析体现目前中国政府科技投入的状态，动态分析则反映出变化趋势。

3.2.1 政府科技投入规模分析

政府是科技投入的主体，起着主导性作用，其投入规模直接影响全社会科技创新资源的配置。政府科技投入的规模反映政府对科技的支持力度，衡量政府科技投入规模的指标包括投入绝对规模、投入相对规模和各地区投入规模。

投入绝对规模是指在统计年度的价格水平下，以相应的货币单位表示的政府科技投入额度，此指标可反映政府科技投入的总量，是名义政府科技投入规模。投入相对规模是指政府科技投入规模与其他相关经济指标的比值，一般使用政府科技投入与国内生产总值的比值、政府科技投入与财政支出的比值。各地区投入规模反映政府在各地区的科技投入规模，不仅包括地方政府在该地区的科技投入，也包含中央政府在该地区的科技投入。根据上文所述，全国范围内的政府科技投入绝对规模和相对规模使用政府科技投入数据，各地区政府科技投入规模使用 R&D 经费内部支出中政府资金。

3.2.1.1 中国政府科技投入总规模

经济的发展为科技投入带来了财力保障，随着"科教兴国""创新型国家""创新驱动"等战略的实施，政府不断加强对科技的重视，将科技创新提升至国家战略层面，《科技进步法》更是规定了"国家财政用于科学技术经费的增长幅度，应当高于国家财政经常性收入的增长幅度"。一系列举措的实施，使政府科技投入规模不断上升。2013 年财政科技支出达到 6184.9 亿元，比 1980 年增长了 94.8 倍，同期财政支出和 GDP 分别增长了 113.1 倍和 124.3

倍，财政科技支出、财政支出和 GDP 的年均增速分别达到 15.0%、15.6% 和 16.0%。对比发现，财政科技支出的绝对规模增长速度落后于财政支出和 GDP。观察图 3-1 可以发现，1995 年以后，财政科技支出的增速超过财政支出和 GDP，尤其是 2003—2013 年，财政科技支出的年均增长率达到 20.7%，远高于同期财政支出和 GDP 的年均增长率。

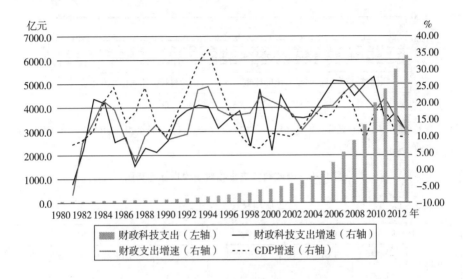

图 3-1 政府科技投入规模变化趋势图

从相对规模指标观察，1980—2013 年，财政科技支出占财政支出和 GDP 的比重呈现先升后降再升的过程，在 1983 年达到历史高点，财政科技支出占财政支出和 GDP 的比重分别达到 5.61% 和 1.33%，随后开始下降，至 1996 年财政支出占 GDP 的比重下降至 0.49% 的历史低点，至 2000 年，财政科技支出占财政支出的比重下降至 3.62% 的历史低点。1980—2000 年，由于改革开放带来经济高速发展，财政收入迅速提升，在科技创新方面的"注意力"下降，掩盖了财政科技支出的增加。2000 年以后，不管是国际发展趋势，还是国内经济社会长期发展需要都将政府关注的焦点再次锁定至科学技术。至 2013 年，财政科技支出占财政支出和 GDP 的比重分别回升至 4.41% 和 1.09%。

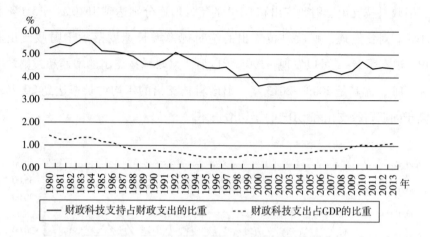

资料来源:《中国科技统计年鉴(1981—2014)》《全国科技统计公报(2014)》《中国统计年鉴(1981—2014)》。

图 3 - 2　财政科技支出相对规模指标趋势图

表 3 - 1　　　　　　　　　　政府科技投入规模表

年份	财政科技支出			R&D 内部支出		
	规模（亿元）	占 GDP 比重（%）	规模增速（%）	规模（亿元）	占 GDP 比重（%）	规模增速（%）
1980	64.6	1.42	—	—	—	—
1981	61.6	1.26	-4.66	—	—	—
1982	65.3	1.23	6.02	—	—	—
1983	79.0	1.33	21.04	—	—	—
1984	94.7	1.31	19.85	—	—	—
1985	102.6	1.14	8.31	—	—	—
1986	112.6	1.10	9.73	—	—	—
1987	113.8	0.94	1.08	—	—	—
1988	121.1	0.81	6.44	—	—	—
1989	127.9	0.75	5.57	—	—	—
1990	139.1	0.75	8.80	—	—	—
1991	160.7	0.74	15.50	—	—	—
1992	189.3	0.70	17.78	—	—	—

68

年份	财政科技支出			R&D 内部支出		
	规模 （亿元）	占 GDP 比重 （%）	规模增速 （%）	规模 （亿元）	占 GDP 比重 （%）	规模增速 （%）
1993	225.6	0.64	19.21	—	—	—
1994	268.3	0.56	18.90	—	—	—
1995	302.4	0.50	12.72	348.7	0.57	—
1996	348.6	0.49	15.30	404.5	0.57	16.00
1997	408.9	0.52	17.28	509.2	0.64	25.88
1998	438.6	0.52	7.27	551.1	0.65	8.24
1999	543.9	0.61	24.01	678.9	0.76	23.19
2000	575.6	0.58	5.83	895.7	0.90	31.93
2001	703.3	0.64	22.19	1042.5	0.95	16.39
2002	816.2	0.68	16.06	1287.6	1.07	23.51
2003	944.6	0.70	15.73	1539.6	1.13	19.57
2004	1095.3	0.69	15.95	1966.3	1.23	27.71
2005	1334.9	0.72	21.88	2450.0	1.32	24.60
2006	1688.5	0.78	26.49	3003.1	1.39	22.58
2007	2135.7	0.80	26.48	3710.2	1.40	23.55
2008	2611.0	0.83	22.26	4616.0	1.47	24.41
2009	3276.8	0.96	25.50	5802.1	1.70	25.70
2010	4196.7	1.05	28.07	7062.6	1.76	21.72
2011	4797.0	1.01	14.30	8687.0	1.84	23.00
2012	5600.1	1.08	16.74	10298.4	1.98	18.55
2013	6184.9	1.09	10.44	11846.6	2.08	15.03

资料来源：《中国科技统计年鉴（1981—2014）》《全国科技统计公报（2014）》《中国统计年鉴（1981—2014）》。

3.2.1.2 中国各地区政府科技投入规模

中国各地区经济社会发展差异较大，不管是中央政府在各地区的科技投入，还是各地方政府本身在所属区域内的科技投入都存在明显的地域差异。由于中央政府财政科技支出并不能体现区域性，因此本文通过 R&D 内部支出中政府资金的地域分布来反映各地区政府科技投入规模。

政府科技投入绝对规模整体上东高西低，呈现一定的积聚现象，2012 年 R&D 内部支出中政府资金排名前五的地区分别为北京、上海、四川、陕西和江苏，占全国的比重达到 56.88%，仅北京市就占到 25.48%。政府科技投入相对规模在地区间的差异也较大，其中政府 R&D 经费投入强度①最高的北京市高达 3.17%，最低的内蒙古仅为 0.07%。

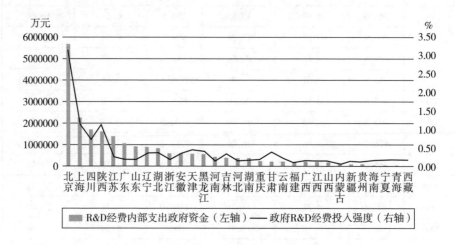

图 3-3　政府科技投入区域分布图

表 3-2　　　　　　　　　　政府科技投入区域分布表

地区	R&D 经费内部支出中政府资金		政府 R&D 经费投入强度（%）
	规模（万元）	占比（%）	
北京	5659921	25.48	3.17
上海	2257639	10.16	1.12
四川	1711959	7.71	0.72
陕西	1618303	7.29	1.12
江苏	1388170	6.25	0.26
广东	1079004	4.86	0.19
山东	921855	4.15	0.18

---

①　政府 R&D 经费投入强度 = R&D 内部支出政府资金/GDP。

地区	R&D 经费内部支出中政府资金		政府 R&D 经费投入强度（%）
	规模（万元）	占比（%）	
辽宁	900426	4.05	0.36
湖北	829943	3.74	0.37
浙江	604144	2.72	0.17
安徽	602091	2.71	0.35
天津	580718	2.61	0.45
黑龙江	554500	2.50	0.40
河南	427073	1.92	0.14
吉林	401633	1.81	0.34
河北	384941	1.73	0.14
湖南	370130	1.67	0.17
重庆	230572	1.04	0.20
甘肃	218843	0.99	0.39
云南	217689	0.98	0.21
福建	215975	0.97	0.11
广西	212500	0.96	0.16
江西	195564	0.88	0.15
山西	181572	0.82	0.15
内蒙古	118072	0.53	0.07
新疆	106678	0.48	0.14
贵州	88969	0.40	0.13
海南	46066	0.21	0.16
宁夏	41465	0.19	0.18
青海	35117	0.16	0.19
西藏	12418	0.06	0.18

资料来源：《中国科技统计年鉴（2014）》。

现有文献在研究科技投入规模时通常采用与国际水平对比的方法，普遍采用以下两个指标：（1）政府科技投入占 GDP 的比重；（2）R&D 内部支出占 GDP 的比重。根据徐晓雯（2011）和赵建强（2012）的研究，国际上政府科技投入占 GDP 的比重约为 2.0%，他们将此作为较高创新能力的指标之一，这个指标中的政府科技投入是指财政科技支出。相应地，美国和加拿大 2011 年公共 R&D 支出占 GDP 的比重约为 0.8%。值得注意的是，统计口径的差异将影响对比效果。相比之下，世界银行公布的 R&D 数据具有较好的可比性，数据显示，2012 年 R&D 经费投入强度[①]美国达到 2.79%，德国达到 2.92%，欧盟整体达到 2.06%，中国 2013 年达到 2.08%，略高于欧盟 2012 年的水准。

根据目前中国政府科技投入规模情况，将其界定为投入规模严重不足并不恰当，而且部分地区政府科技投入规模已远高于美国和欧盟。对于目前中国科技创新能力的缺乏，需要进一步分析投入结构，并深入研究政府科技投入机制。

3.2.2　政府科技投入结构分析

政府科技投入的结构是衡量政府科技投入的主要指标，反映政府科技投入的方向。政府科技投入的结构是指构成政府科技投入的各类支出的绝对规模和相应占比，可根据不同的标准将政府科技投入效率的结构进行以下分类：(1) 政府与市场；(2) 中央与地方；(3) 科技投入方向；(4) 科技创新主体。分析政府科技投入结构，可以了解政府科技投入在整个国家创新体系中的位置，以及政府对科学技术领域投入重点。

3.2.2.1　按政府与市场分

政府与市场是科技资金的两个主要来源，其中政府和企业代表了相应的资金投入主体。科学技术领域的投入来源和投入主体反映了科技投入体制，显示出科技与经济的融合程度。本文选用 R&D 经费内部资金来分析科技投入中政府与市场的比重。R&D 经费内部支出的经费来源由四部分构成，分别为政府资金、企业资金、国外资金和其他资金。

---

① R&D 经费投入强度 = R&D 内部支出/GDP。

表 3－3　　　　　　R&D 经费内部支出规模和机构变化表

年份	政府资金			企业资金			国外资金	其他资金
	规模（亿元）	占比（%）	增速（%）	规模（亿元）	占比（%）	增速（%）	占比（%）	占比（%）
2003	460.6	29.92		925.4	60.11		1.95	8.04
2004	523.6	26.63	13.68	1291.3	65.67	39.54	1.28	6.42
2005	645.4	26.34	23.26	1642.5	67.04	27.20	0.93	5.69
2006	742.1	24.71	14.98	2073.7	69.05	26.25	1.61	4.63
2007	913.5	24.62	23.10	2611.0	70.37	25.91	1.35	3.66
2008	1088.9	23.59	19.20	3311.5	71.74	26.83	1.24	3.43
2009	1358.3	23.41	24.74	4162.7	71.74	25.70	1.35	3.50
2010	1696.3	24.02	24.89	5063.1	71.69	21.63	1.30	2.99
2011	1883.0	21.68	11.00	6420.6	73.91	26.81	1.34	3.08
2012	2221.4	21.57	17.97	7625.0	74.04	18.76	0.97	3.41
2013	2500.6	21.11	12.57	8837.7	74.60	15.90	0.89	3.40

资料来源：《中国科技统计年鉴》。

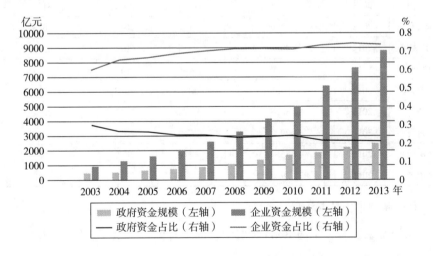

资料来源：《中国科技统计年鉴》。

图 3－4　政府资金与市场资金规模变化图

2003 年以来，中国科技投入中政府资金和企业资金的投入规模逐年上升，在 2013 年分别达到 2500.6 亿元和 8837.7 亿元，作为科技投入资金的主要来源，政府资金和企业资金占 R&D 经费内部支出的 95.71%，相较于企业资金，政府资金占 R&D 经费内部支出的比重较低，2013 年为 21.11%，比 2003 年低 8.81 个百分点。相对于企业资金，政府资金的增速较低，导致政府资金的比重逐渐下降，企业资金的比重逐渐上升。这说明企业逐步成为科技投入的主体，政府资金的作用逐步由主导性变为引导性，在科技领域，发挥市场对资源配置的导向作用。

在企业管理体制和科技体制改革中，企业被赋予了更多的经营决策权，产学研协同创新机制促进科研机构和高校与企业加强合作，转变了科技单独依靠政府资金的格局。以政府为主导，以企业为主体，发挥市场的资源配置机制，形成多元的科技投入资金结构。

表 3-4　　　　　　　　科技投入国际对比表（按经费来源）

国家	数据年份	来源于政府资金（%）	国家	数据年份	来源于政府资金（%）
中国	2013	21.1	意大利	2011	41.9
澳大利亚	2008	34.6	日本	2012	16.8
奥地利	2012	40.4	韩国	2012	23.8
比利时	2011	23.4	瑞典	2011	27.7
加拿大	2012	34.5	瑞士	2008	22.8
捷克	2012	36.8	土耳其	2012	28.2
丹麦	2012	29.0	英国	2012	28.9
法国	2011	35.4	美国	2012	30.8
德国	2011	29.8	俄罗斯联邦	2012	67.8

资料来源：《中国科技统计年鉴（2014）》。

从经费来源看，中国 R&D 经费中政府资金的比重低于美国、德国、法国等欧美发达国家，比如美国 R&D 经费中有 30.8% 来自政府，而中国 R&D 经费中仅 21.1% 来自政府。

3.2.2.2　按中央与地方分

不管是中央政府还是地方政府都负有促进科技进步的职责，不管是中央还是地方，资金投入都是开展科技工作的重要条件。中央和地方在政府科技投入中的比重反映了各级政府在科技领域的投入力度。本文选用财政科技支出来分析中央与地方政府科技投入结构。

通过对《中国科技统计年鉴（2014）》的横截面数据进行分析，2013 年中央财政科学技术支出 2728.5 亿元，占中央本级财政支出的 12.09%，占全国财政科技支出的 44.11%；地方财政科学技术支出 3456.4 亿元，占地方财政支出的 2.63%，占全国财政科技支出的 55.88%。另外，中央承担了大部分的军口科技支出，如果仅考虑民口政府科技支出，那么地方所占的比重将更高。

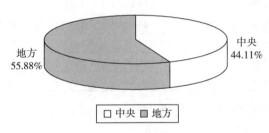

图 3-5　财政科技支出结构（2013 年）

表 3-5　　　　　　　　　中央和地方财政科技支出变化表

年份	中央财政科技支出			地方财政科技支出		
	规模（亿元）	占比（%）	增速（%）	规模（亿元）	占比（%）	增速（%）
1990	97.6	70.12		41.6	29.88	
1991	115.4	71.84	18.34	45.3	28.16	8.85
1992	133.6	70.59	15.73	55.7	29.41	23.01
1993	167.6	74.31	25.48	58.0	25.69	4.15
1994	199.0	74.17	18.69	69.3	25.83	19.51
1995	215.6	71.30	8.35	86.8	28.70	25.26
1996	242.8	69.65	12.64	105.8	30.35	21.93
1997	273.9	66.99	12.79	134.0	32.77	26.62
1998	289.7	66.06	5.79	148.9	33.94	11.11
1999	355.6	65.38	22.73	188.3	34.62	26.49
2000	349.6	60.74	-1.69	226.0	39.27	20.04

年份	中央财政科技支出			地方财政科技支出		
	规模（亿元）	占比（%）	增速（%）	规模（亿元）	占比（%）	增速（%）
2001	444.3	63.18	27.10	258.9	36.81	14.54
2002	511.2	62.63	15.05	305.0	37.37	17.81
2003	609.9	64.57	19.31	335.6	35.53	10.03
2004	692.4	63.22	13.53	402.9	36.78	20.05
2005	807.8	60.51	16.67	527.1	39.49	30.82
2006	1009.7	59.80	25.00	678.8	40.20	28.77
2007	1044.1	48.89	3.40	1091.6	51.11	60.82
2008	1287.2	49.30	23.28	1323.8	50.70	21.27
2009	1653.3	50.45	28.44	1623.5	49.55	22.64
2010	2052.5	48.91	24.15	2144.2	51.09	32.07
2011	2343.3	48.85	14.17	2453.7	51.15	14.44
2012	2613.6	46.67	11.54	2986.5	53.33	21.71
2013	2728.5	44.12	4.40	3456.4	55.88	15.73

资料来源：《中国科技统计年鉴》《中国统计年鉴》。

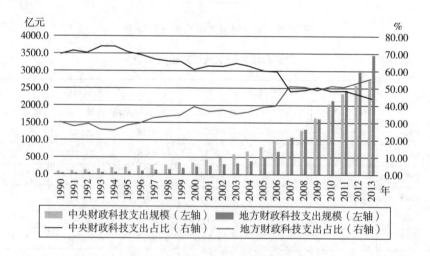

图3-6 中央和地方财政科技支出趋势图

中国将中央和地方财政科技支出分开统计源自1990年，通过对《中国科技统计年鉴》中1990—2013年的相关数据进行动态分析发现：中央和地方财政科技支出经历了大幅增长，分别由1990年的97.6亿元和41.6亿元，增长至 2013 年的 2728.5 亿元和 3456.4 亿元，增幅分别高达 27 倍和 82 倍，地方增幅远高于中央。这期间中央和地方的比重也发生了反转，1990 年中央占70.1%，1993 年达到 74.3% 的高点，中央作为政府科技支出的主力一直持续至 2007 年，2007 年中央和地方的投入规模相当，之后地方财政科技投入规模超越中央，2013 年地方财政科技支出比重达到 55.9%，如图 3-6 所示，地方财政在推动科技进步、实施创新驱动战略中的作用越来越明显。

3.2.2.3　按科技投入方向分

政府科技投入的方向是指财政科技支出的方向，一方面体现了政府的科技创新职能，另一方面体现了政府支持各类科技创新的力度。根据《政府收支分类科目》，财政科技支出主要集中于 10 个方面，代表了政府在相应科技领域的职能。全国范围内，财政科技支出主要集中于基础研究、应用研究、技术研究与开发和科技条件与服务，2013 年这四项支出占全国财政科技支出的 64.4%（地方为 52.86%，中央为 77.63%），具体如表 3-6 所示。

表 3-6　　　　　中央和地方财政科技支出结构表（2013 年）　　　　单位：%

项目	地方	中央	全国
科学技术管理事务	3.84	0.31	2.19
基础研究	1.61	15.32	8.00
应用研究	5.20	55.83	28.79
技术研究与开发	40.99	4.52	24.00
科技条件与服务	5.06	1.96	3.61
社会科学	1.38	1.29	1.34
科学技术普及	3.12	0.58	1.94
科技交流与合作	0.24	0.80	0.50
其他	38.56	19.40	29.63

资料来源：财政部 2013 年全国财政决算中《2013 年地方公共财政支出决算表》和《2013 年中央本级支出决算表》。

由图 3-7 至图 3-9 可以发现，中央和地方的财政科技支出重心有所不同，中央财政科技支出以基础研究和应用研究占比最高，分别为 15.32% 和55.83%，地方财政科技支出中技术研究与开发比重最高，达到 40.99%，其基础研究和应用研究仅占到 6.81%。说明中央政府主要投向受益范围覆盖全国的科技公共产品，以及对国家具有战略意义的科技产品；地方政府主要投向收益范围覆盖本区域的科技公共产品，以及更接近于产业化的科技产品。

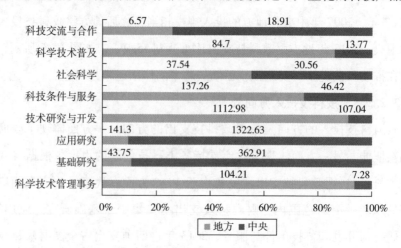

图 3－7　中央和地方财政科技支出结构对比图

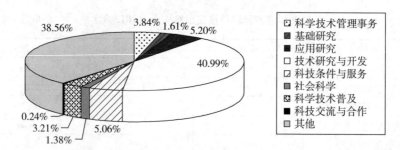

图 3－8　地方财政科技支出结构图（2013 年）

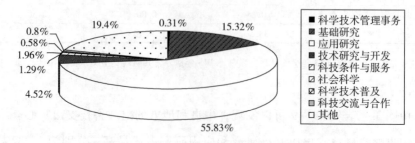

图 3－9　中央财政科技支出结构图（2013 年）

表3－7　　　　　　　科技投入国际对比表（研究类型）

国家	数据年份	基础研究（%）	应用研究（%）	试验发展（%）	国家	数据年份	基础研究（%）	应用研究（%）	试验发展（%）
中国	2013	4.7	10.7	84.6	意大利	2011	24.0	49.0	26.9
澳大利亚	2008	20.1	38.7	41.2	日本	2011	12.9	22.0	65.1
奥地利	2011	19.4	35.8	44.8	韩国	2011	18.1	20.3	61.7
比利时	—	—	—	—	瑞典	—	—	—	—
加拿大	—	—	—	—	瑞士	—	—	—	—
捷克	2012	30.0	36.3	33.7	土耳其	—	—	—	—
丹麦	2011	19.2	24.2	56.6	英国	2011	14.9	48.2	37.0
法国	2011	25.4	38.4	36.2	美国	2012	16.5	19.2	64.3
德国	—	—	—	—	俄罗斯联邦	2012	16.5	19.7	63.7

资料来源：《中国科技统计年鉴（2014）》。

与此同时，中国研发经费中仅4.7%投入到了基础研究，这说明即使基础研究经费全部来自政府资金，政府资金中仅有不足25%的经费投向基础研究[①]，相对应地，发达国家则在基础研究中投入了更多的资源。

3.2.2.4　按科技创新主体分

企业、科研机构和高校是科技创新的执行部门，也是政府科技资金的主要支持对象。在改革开放前，中国的科技创新体系中，仅研发机构和高校是科技创新主体，几乎占有了全部的政府科技资金。随着改革开放，科技体制改革不断深化，企业不仅成为科技创新的主体，也是全社会R&D经费的主要来源，是政府科技资金的重要支持对象。

根据2013年的相关数据，R&D内部支出中政府科技资金中16.36%投向企业，这与产学研结合的创新机制相关，政府科技资金中59.24%投向研发机构，20.67%投向高校。与此同时，企业科技资金中仅3.27%投向高校，仅

---

① 2013年中国研发投入中政府资金占到21.11%，因此，即使研发支出中占比4.7%的基础研究资金全部来自政府资金，那么研发支出中政府资金也只有不足25%用于基础研究。

0.69% 投向研发机构，说明企业对科技创新的需求多通过自身研发来满足，与研发机构和高校的联系不紧密。

表 3-8　　　2013 年按科技创新主体分政府与企业科技资金比重表

项目	政府科技资金		企业科技资金	
	规模（亿元）	各主体占比（%）	规模（亿元）	各主体占比（%）
全国	2500.6		8837.7	
企业	409.0	16.36	8461.0	95.74
研发机构	1481.2	59.24	60.9	0.69
高校	516.9	20.67	289.3	3.27
其他	93.5	3.74	26.5	0.30

资料来源：《中国科技统计年鉴（2014）》。

除观察政府科技资金在各科技创新主体的分配比例外，还需分析各科技创新主体经费来源中的政府科技资金占比，进而全面了解中国科技创新体系的情况。如表 3-9 所示，不管是企业、高校还是研发机构，其研发经费来源中政府科技资金的比重整体在上升，这一比重在企业研发经费中 2013 年为 4.51%，虽然比 2012 年下降了 0.12 个百分点，但与 2003 年的 3.26% 相比，依然上升了 1.25 个百分点；高校和研发机构的这一比重在 2013 年分别达到 60.33% 和 83.15%，比 2003 年分别提升 6.79 个和 11.87 个百分点，其中研发机构研发资金来自政府的比重在 2010 年一度达到 87.37%，值得注意的是，得益于企业逐步成为技术创新的主体，企业投入创新的资金规模上升速度高于政府，科技创新执行主体来自政府的比重有下降的趋势。

由表 3-9 还可以发现，政府直接支持企业科技创新的力度较小，这类资金主要发挥引导作用，企业对这类资金的依赖性较弱。高校科技创新活动对政府资金的依赖性逐步加强，一半以上的研发资金源自政府，高校是中国基础研究和进行原始创新的重要力量。相对于企业和高校，研发机构的研发资金对政府的依赖性最强，80% 以上的资金来源于政府，研发机构介于政府和市场之间，是基础研究和前沿性研究的主力，大部分隶属各级政府。

表 3-9　　　　科技创新主体研发经费中政府科技资金比重表　　　单位：%

年份	企业	高校	研发机构
2003	3.26	53.54	71.28
2004	3.10	53.78	72.12
2005	3.07	54.57	80.32
2006	3.19	54.51	81.89
2007	3.35	56.37	82.39
2008	3.69	57.88	82.80
2009	4.33	56.01	85.30
2010	4.57	60.08	87.37
2011	4.38	58.81	84.65
2012	4.63	60.74	83.46
2013	4.51	60.33	83.15

资料来源：《中国科技统计年鉴（2014）》。

从经费来源看，中国 R&D 经费中政府科技资金的比重低于美国、德国、法国等欧美发达国家，与此同时，在研发活动执行方面，政府部门执行的比重又高于欧美发达国家，比如美国 R&D 经费中有 30.8% 来自政府，但仅有 12.3% 的经费由政府部门相关机构开展研发活动，而中国 R&D 经费中仅 21.1% 来自政府，但高达 15.0% 的研发经费投入政府研发机构，这也就意味着中国政府研发资金大部分投入政府研发机构，而欧美国家政府资金中有更多的比重投向企业和高校，支持企业和高校的研发活动。

表 3-10　　　　　　科技投入国际对比表（执行部门）

国家	数据年份	政府部门（%）	国家	数据年份	政府部门（%）
中国	2013	15.0	意大利	2012	13.7
澳大利亚	2010	12.4	日本	2012	8.6
奥地利	2012	5.1	韩国	2012	11.3
比利时	2012	8.2	瑞典	2012	4.8
加拿大	2012	9.0	瑞士	2008	0.7
捷克	2012	18.4	土耳其	2012	11.0
丹麦	2012	2.2	英国	2012	8.2
法国	2012	13.6	美国	2012	12.3
德国	2012	14.3	俄罗斯联邦	2012	32.2

资料来源：《中国科技统计年鉴（2014）》。

3.3 科技创新产出情况

科技创新是一种特殊的生产活动，是社会化大生产的一部分，其产出最终融入经济社会发展，推动经济发展和社会进步，这也是很多研究科技创新、研发投入、财政科技支出等与经济相互关系的文献的共识。科技创新活动的复杂性决定了其产出的复杂性，不仅有学术论文、著作等知识创新成果，还包括新技术、新工艺等技术创新成果，随着科技创新成果的转化，科技产出将进一步融入新产品中。

3.3.1 科技创新产出体系介绍

政府科技投入的成果最终需融入商品中，以实现价值，新技术、新工艺等是通向新产品的中间产物，在张宗和（2009）、肖文（2014）[①] 等研究的基础上，结合 Solow（1951）技术创新"两步论"和 Fereman（1982）四形态分析模型，本文将专利界定为中间产出，将新产品界定为终端产出，分别将单独以专利和新产品作为产出的效率界定为中间产出效率和终端产出效率，将两者作为共同产出的效率界定为综合产出效率。

在研究科技领域效率的文献中，普遍将论文数、专利（肖文、林高榜，2014；Akihiro 等，2008；Nasierowshi 等，2003）和新产品（李平、随洪光，2009；李习保，2007）作为产出指标，其中中国的三种专利中发明专利相较于实行新型专利和外观设计专利具有更高的科技创新含量，能更好地体现科技创新产出，反映一个国家和地区的科技创新综合实力和知识生产能力，因此，根据科技创新活动中的产出成果，结合现有的统计数据可获取性，本文

---

① 张宗和和彭昌奇（2009）将专利作为新知识产出，界定为初始产出，将新产品作为新知识的商业化，界定为最终产出；肖文和林高榜（2014）根据产出不同，将用专利和新产品来衡量的技术创新活动分别界定为非市场化导向和市场化导向的技术创新活动。

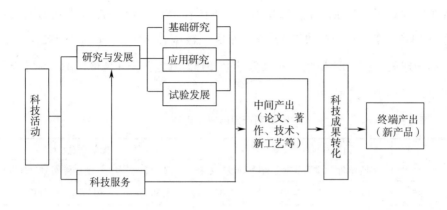

图 3-10 科技创新活动成果产出流程图

选用专利数和论文数作为中间产出①，选用工业企业新产品销售额作为终端产出，分析科技创新的产出情况。另外，除上述直接产出指标外，技术合同市场的繁荣程度反映了科技产出的情况，也是科技创新过程中的关键环节，因此也是分析科技产出的重要指标。

3.3.2 科技创新中间产出

从中国整体规模上看，专利申请受理量和授权量都在高速增长，1995—2013 年的年均增长率在 20% 左右，其中技术含量最高的发明专利增速最高，专利申请授权数的增速普遍高于专利申请受理数，这也从侧面反映了中国的科技创新活力和能力在不断增强；从专利类型上看，不管是受理数还是授权数，发明专利的增速高于实用新型专利和外观设计专利，其中外观设计专利的授权数在 2013 年出现同比下降，说明国内科技创新的注意力偏向发明专利。

知识创新的产出也呈现出高速增长的特点。知识创新具有更高的外溢性，离原始创新更近，离应用于社会生产更远，也更能代表原始创新能力。以国

① 由于国内论文质量参差不齐，SCI 和 EI 检索的国际论文统计数据不够完整，代表性不强，在效率测度时，主要选用发明专利来进行效率测度。

外主要检索工具收录的论文数量为例，中国在 1995 年 SCI 能检索到的论文总数仅 13134 篇，位于全球第 15 位，而这一数据在 2012 年上升至 192761 篇，位居全球第二位；EI 检索的论文数也由 5152 篇上升至 124382 篇，位居全球首位。

表 3 - 11 专利产出历史变化表

年份	国内专利申请受理数（件）			国内专利申请授权数（件）		
	发明专利	实用新型专利	外观设计专利	发明专利	实用新型专利	外观设计专利
1995	10018	43429	15433	1530	30195	9523
2000	25346	68461	46532	6177	54407	34652
2005	93485	138085	151587	20705	78137	72777
2006	122318	159997	188027	25077	106312	92471
2007	153060	179999	253439	31945	148391	121296
2008	194579	223945	298620	46590	175169	130647
2009	229096	308861	339654	65391	202113	234282
2010	293066	407238	409124	79767	342256	318597
2011	415829	581303	507538	112347	405086	366428
2012	535313	734437	642401	143847	566750	452629
2013	704936	885226	644398	143535	686208	398670
年均增长率	26.66%	18.23%	23.04%	28.70%	18.95%	23.06%

资料来源：《中国科技统计年鉴》。

各地间专利产出差异较大，东部省份明显高于中西部省份，并相对集中。2012 年发明专利申请受理量和授权量居前 6 位的省份分别为江苏、广东、北京、山东、浙江、上海，占有全国 60% 以上的份额；实用新型专利和外观设计专利则集中于江苏、浙江、广东等生产制造业大省，这三个省实用新型专利占到全国约 40% 的份额，外观设计专利占全国的比重更是超过了 70%。

知识创新的产出同样存在较大的地域性差异，从国外主要检索工具收录的论文来看，2012 年论文数量的地域分布中，北京、上海、江苏、广东、浙江、湖北、陕西位于前列，占有全国约 60% 的份额。

表 3 – 12　　　　　　　　　　　**专利产出地区分布表**

地区	国内专利申请受理数占比（%）			国内专利申请受权数占比（%）		
	发明专利	实用新型专利	外观设计专利	发明专利	实用新型专利	外观设计专利
江苏	20.04	14.56	36.37	11.70	14.32	31.26
广东	9.79	10.57	15.78	13.99	11.29	18.27
山东	9.60	8.34	2.12	6.21	8.59	2.29
北京	9.58	5.38	1.27	14.42	5.29	1.42
浙江	6.06	14.36	19.27	7.76	15.48	21.31
上海	5.55	4.02	1.82	7.42	4.35	2.05
安徽	4.94	5.10	2.07	2.95	5.25	2.16
陕西	3.76	2.95	0.72	2.88	2.03	0.69
辽宁	3.59	2.04	0.41	2.67	2.27	0.56
四川	3.34	3.78	3.95	3.18	3.60	4.23
天津	3.11	3.86	0.75	2.19	2.73	0.74
湖北	2.58	2.96	1.00	2.82	2.86	1.27
河南	2.21	3.32	1.69	2.21	3.08	1.29
广西	2.04	0.76	0.33	0.90	0.74	0.39
重庆	1.78	2.81	1.80	1.64	2.42	1.47
湖南	1.69	2.07	1.72	2.52	2.22	1.40
黑龙江	1.47	1.82	0.90	1.56	1.81	1.29
福建	1.40	2.91	2.80	2.05	3.23	3.11
河北	1.04	1.78	0.70	1.40	1.90	0.79
山西	0.85	0.85	0.82	0.93	0.83	0.38
吉林	0.65	0.58	0.16	1.04	0.57	0.20
贵州	0.57	0.73	1.08	0.54	0.57	0.81
云南	0.56	0.64	0.29	0.91	0.63	0.29
江西	0.56	0.88	0.81	0.64	0.86	0.79
甘肃	0.53	0.62	0.28	0.55	0.47	0.19
新疆	0.30	0.52	0.24	0.38	0.47	0.30
内蒙古	0.27	0.36	0.19	0.38	0.36	0.20
宁夏	0.25	0.13	0.04	0.13	0.13	0.03
海南	0.13	0.11	0.07	0.31	0.10	0.05
青海	0.07	0.04	0.03	0.06	0.04	0.03
西藏	0.01	0.01	0.01	0.03	0.01	0.01

资料来源：《中国科技统计年鉴》。

3.3.3 科技创新终端产出

新产品是科技创新在社会生产中的应用，新产品的销售规模在迅速上升，2000—2013 年的年均增长率达到 22.31%。但新产品销售收入在主营业务中的占比一直在 12% 左右徘徊，上升趋势并不明显，而 R&D 经费内部支出与主营业务收入的比值在这一时期有缓慢提升，这与创新型国家的要求存在差距，也证明了产业和经济转型中依靠科技创新的迫切性。

表 3 – 13　　　　　　　　　　新产品销售收入表

年份	2000	2004	2008	2009	2011	2012	2013
R&D 经费内部支出与主营业务收入之比（%）	0.58	0.56	0.61	0.69	0.71	0.77	0.80
新产品销售收入（亿元）	9369.5	22808.6	57027.1	65838.2	100582.7	110529.8	128460.7
新产品销售收入占主营业务比重（%）	11.10	11.56	11.32	12.07	11.92	11.82	12.83
增速（%）	—	—	—	15.45	—	9.89	16.22

从新产品占主营业务的比重来看，各地区差异不大，最高的浙江省达到 24.27%，比全国平均水平高约 10 个百分点，东部和中部地区差异不大，均在全国平均水平以上；新产品销售收入在各省的分布则相对集中，主要集中于江苏、广东、山东和浙江，这些省份的普遍特点是技术创新和应用能力较强，制造业发达，这四个省 2013 年新产品销售收入占全国的 50% 以上，仅江苏一个省份就达到 15.35%。

表 3 – 14　　　　　　　　　　新产品销售收入地区分布表

	销售额（万元）	占主营业务比重（%）	占全国的比重（%）
浙江	148820993.2	24.27	11.58
上海	76883834.9	22.43	5.99
天津	55696885.7	20.78	4.34
北京	36727656.1	19.65	2.86

	销售额（万元）	占主营业务比重（%）	占全国的比重（%）
湖南	57246324.0	17.97	4.46
重庆	26961129.9	17.62	2.10
广东	180137410.4	16.94	14.02
江苏	197142112.3。	14.77	15.35
安徽	43790809.4	12.95	3.41
湖北	46544784.4	12.17	3.62
山东	142841782.1	10.81	11.12
福建	34400996.6	10.38	2.68
海南	1601201.8	10.23	0.12
广西	15866038.1	9.28	1.24
宁夏	2796415.9	8.12	0.22
河南	47914474.4	8.01	3.73
辽宁	40931774.3	7.95	3.19
甘肃	6185275.3	7.21	0.48
四川	24758761.4	6.92	1.93
河北	29160256.2	6.29	2.27
江西	16829308.6	6.22	1.31
陕西	10154790.9	5.59	0.79
山西	10272734.9	5.59	0.80
贵州	3683200.0	5.05	0.29
云南	4433809.5	4.44	0.35
黑龙江	5825023.3	4.25	0.45
新疆	3533318.1	4.05	0.28
吉林	7031877.7	3.17	0.55
内蒙古	6285040.1	3.11	0.49
西藏	23453.8	2.39	0.00
青海	125429.9	0.60	0.01

资料来源：《中国科技统计年鉴》。

3.3.4　科技创新成果交易

技术市场是科技领域的必要组成部分，也是成果流通和转换的关键环节，因此一个国家和地区技术市场的发达程度直接决定其创新活力和创新能力。进入 21 世纪后，随着科技体制改革的进行，中国技术市场迅速发展，2000—2013 年的技术市场成交合同金额年均增长率达到 20.65%，在 2013 年达到 7469 亿元。

如图 3 – 11 所示，西部地区技术市场的发展速度高于其他地区，东部地区市场基数大，发展较为平稳，在 2013 年除中部地区外，东部、西部和东北部地区出现下行态势。根据 2013 年技术市场成交合同金额在各地区的分布，中国技术市场非常集中，具有一定的积聚效应。北京有中国最大的技术交易市场，占到 38.18% 的市场份额，比位居第二名的上海高出 30 个百分点，是名副其实的科技中心。这一比重在 2006 年后就稳定在 40% 左右，比 2000 年的 21.56% 高出近一倍。

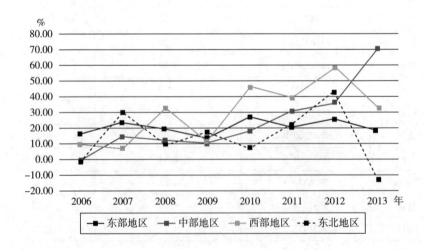

图 3 – 11　各地区技术市场合同成交额变化趋势图

3.4　数据来源和统计口径说明

3.4.1　财政科技支出

财政科技支出数据来源于国家财政预算，反映了政府通过财政预算支出的手段，对科技创新活动予以支持。根据《政府收支分类科目》，财政支出预算的编制是从政府职能的角度进行划分的，如"206 科学技术"类分为科学技术管理事务、基础研究、应用研究、技术研究与开发、科技条件与服务等10 款，这是财政科技支出的集中体现。值得注意的是，在财政预算的科技支出统计中有小口径和大口径两个数据指标，小口径即财政支出预算中的"206 科学技术"类，而大口径是在"206 科学技术"类的基础上包含了其他功能支出中用于科学技术支出的部分，如"213 农林水事务"类中农业款中的技术推广与培训、农业生产资料与技术补贴等。

表 3 - 15　　　　　　　　　财政科技支出统计口径对比表

年份	大口径	小口径（科学技术）		其他功能支出中用于科学技术的支出	
	规模（亿元）	规模（亿元）	占比（％）	规模（亿元）	占比（％）
2007	2135.7	1783.0	83.5	352.6	16.5
2008	2611.0	2129.2	81.5	481.8	18.5
2009	3276.8	2744.5	83.8	532.3	16.2
2010	4196.7	3250.2	77.4	946.5	22.6
2011	4797.0	3828.0	79.8	969.0	20.2
2012	5600.1	4452.6	79.5	1147.5	20.5
2013	6184.9	5084.3	82.2	1100.6	17.8

资料来源：《中国统计年鉴》《中国科技统计年鉴》《全国科技经费投入统计公报》。

如表 3 - 15 所示，目前在由国家统计局、科技部和财政部每年联合发布的《全国科技经费投入统计公报》中使用的财政科技支出数据是大口径数据，2013 年达到6184.9 亿元。将小口径数据与大口径数据进行对比发现，自2007

年财政预算收支科目改革后，小口径占大口径财政科技支出的比重约为80%。

3.4.2 R&D 经费内部支出中政府资金

研究与试验发展（R&D）是指在科学技术领域，为增加知识总量以及运用这些知识创造新的应用而进行的系统性、创造性活动。R&D 经费内部支出则是调查单位内部开展 R&D 活动的实际支出，这也是国际上衡量科技投入通用的重要指标之一。

R&D 经费内部支出中政府资金也是体现政府科技投入的关键指标。与财政科技支出不同的是，统计上这项指标源自调查统计，而非通过政府财政部门的支出预算。R&D 经费内部支出的调查方法是对规模以上工业法人单位、重点服务业企业、隶属政府的科研机构、高校采用全面调查，对其他行业企事业单位重点调查，结合使用全国 R&D 资源清查资料进行推算；统计范围为全社会有 R&D 活动的企事业单位，具体包括工业法人单位、隶属政府的科研机构、高校以及 R&D 活动相对密集的行业（包括农、林、牧、渔业，建筑业，交通运输、仓储和邮政业，信息传输、软件和信息技术服务业，金融业，租赁和商务服务业，科学研究和技术服务业，水利、环境和公共设施管理业，卫生和社会工作，文化、体育和娱乐业等）中从事 R&D 活动的企事业单位。

根据《中国科技统计年鉴》的编制要求，R&D 经费内部支出包括 R&D 项目的直接支出和间接支出，其中间接支出包括用于 R&D 活动的管理服务、基本建设以及外协加工费用等，但不包括生产性支出、还贷支出以及与外单位合作或者委托外单位进行研究和试验发展活动的经费支出。R&D 经费内部支出中政府资金来源于政府部门的各类基金，并不局限于财政支出，包括财政科学技术拨款、科学技术基金、相关部门事业费以及部门预算外资金。这就意味着 R&D 经费内部支出是以 R&D 活动中的实际资金支出为统计标准，若资金来源是政府则被统计为政府资金，2013 年 R&D 经费内部支出达到11846.6 亿元，其中政府资金达到1781.4 亿元，占15%。

3.4.3 政府科技投入

根据中国现有统计数据，能够反映政府科技投入情况的数据来源只有政府财政预算和 R&D 内部支出，两个数据源之间是交叉重叠的关系，并不存在包含与被包含的关系，如图 3－12 所示。

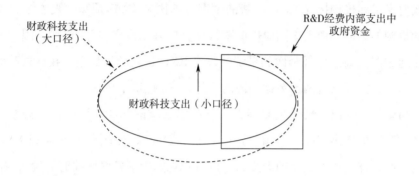

财政科技支出
（大口径）

R&D经费内部支出中
政府资金

财政科技支出（小口径）

图 3－12　政府科技投入数据源关系图

反映政府科技投入的两类数据源在收集方法、描述对象、覆盖范围、组成结构、配套指标等方面均存在差异，具体如表 3－16 所示。

表 3－16　　　　　　　政府科技投入数据来源差异表

	财政科技支出	R&D 经费内部支出中政府资金
收集方法	财政支出预算	调查统计
来源部门	财政部	科技部
描述对象	政府通过财政支出手段对科技技术领域的支持	研发与试验活动中获得的政府资金支持
覆盖范围	范围广，覆盖科学技术中政府应发挥作用的全部领域	范围窄，仅覆盖研发与试验活动支出
资金来源	来源窄，仅财政预算资金	来源广，除财政预算支出外，还包括政府基金、部门事业费及其他预算外资金
组成结构	按政府支持科学技术的功能划分；可以区分中央和地方，无法区分区域	按 R&D 活动经费的投入主体和使用主体划分；可以区分区域，无法区分中央和地方
配套指标	无相关配套指标	有人员投入、科技活动成果等配套指标

国际上多数国家为实现统计上的准确性和便利性，在政府的财政支出预算科目中设有 R&D 分类科目，比如，美国以总统办公室向国会提交的预算报告中所单列的支出机构为对象，提供联邦政府 R&D 投入数据；英国由国家统计局以普查的方式进行，普查对象为政府各部门，对政府各部门、国有机构和单位用于 R&D 的支出进行全面统计；德国将 R&D 经费列入政府预算，包括政府支出和机构接受 R&D 经费的情况；韩国在 R&D 预算中设立了反映规模和机构的指标。由于中国政府的财政预算中并未设立 R&D 科目，因此无法直接通过财政渠道获得全面和系统的政府 R&D 投入统计数据。在观察政府科技投入时，需要结合两类数据来源的优势，进行相应的分析。

财政科技支出主要体现政府在科学技术领域的职能，可以直观观察中央和地方政府的支出规模和结构差异；R&D 经费内部支出中政府资金以 R&D 活动为中心，体现政府支持的力度，可以直观观察中国各区域政府的投入情况。

表 3 - 17　　　　　　　政府科技投入衡量指标与数据来源表

	指标	数据源
投入规模分析	投入绝对规模	财政科技支出
	投入相对规模	财政科技支出
	各地区投入规模	R&D 经费内部支出中政府资金
投入结构分析	政府和市场	R&D 经费内部支出中政府资金
	中央和地方	财政科技支出
	科技投入方向	财政科技支出
	科技创新主体	R&D 经费内部支出中政府资金

3.5　本章小结

本章对政府科技投入的规模和机构、科技投入体制的历程、科技创新的产出情况进行了描述和分析，并对中国现有的相关统计资料来源和口径进行了梳理与说明。

（1）政府科技投入的规模与结构①

政府科技投入规模增幅明显，2003—2013 年，财政科技支出的年均增长率达到20.7%，远高于同期财政支出和 GDP19.0%、15.4% 的年均增长率，根据指标 R&D 内部支出占 GDP 的比重，中国 2013 年达到2.08%，略高于欧盟 2012 年的水准，欧盟整体达到 2.06%。

中国各地区的政府科技投入存在地域差异；中国科技投入中政府资金和企业资金的投入规模逐年上升，相对于企业资金，政府资金的增速较低，企业逐步成为科技投入的主体；地方财政是政府科技投入的主力，资金规模超过中央，未来在政府科技投入中的比重还有进一步增加的趋势。政府科技资金主要投向研发机构和高校，政府直接支持企业科技创新的力度较小；从经费来源看，中国 R&D 经费中政府资金的比重低于美国、德国、法国等欧美发达国家，与此同时，在研发活动执行方面，政府部门执行的比重又高于欧美发达国家。作为科技创新中间产出的论文和发明专利增速较快，而作为终端产出的新产品，其收入在主营业务中的占比未有提升，工业企业研发强度偏低。

（2）政府科技投入体制的变革历程

在中华人民共和国成立以来科技体制的演变中，政府与市场的关系、中央与地方的关系是明线，思想观念的转变是暗线，遵循了"适应—发展—不适应—阻碍—改革—再适应"的螺旋式上升。在每个时期，科技创新资源的配置和国家创新体系的运行都不是某一因素单独作用的结果，是包含市场环境、社会环境、政治和文化环境共同作用的结果，政府科技管理体制、科技政策工具需要与大环境相适应，实现"创新驱动"。

（3）科技创新的产出情况

科技创新是一种特殊的生产活动，是社会化大生产的一部分，其产出最

---

① 衡量政府科技投入的数据统计口径分别来源于财政科技支出和 R&D 经费内部支出，二者在收集方法、来源部门、描述对象、覆盖范围、资金来源、组成结构、配套指标七个方面存在差异。

终融入经济社会发展，本文将专利和论文界定为中间产出，将新产品界定为终端产出。另外，除上述直接产出外，技术合同市场的繁荣程度反映了科技产出的情况，也是科技创新过程中的关键环节，因此也是分析科技产出的重要指标。

从整体规模上看，中间产出高速增长，专利申请受理量和授权量1995—2013年的年均增长率在20%左右，SCI和EI能检索到的中国论文在2012年分别位居全球第二位和第一位。中间产出在各地间差异较大，东部省份明显高于中西部省份，并相对集中。

新产品的销售规模在迅速上升，2000—2013年的年均增长率达到22.31%，新产品销售收入在各省的分布相对集中，主要集中于江苏、广东、山东和浙江等省份；但新产品销售收入在主营业务中的占比一直在12%左右徘徊，上升趋势并不明显，而R&D经费内部支出与主营业务收入的比值在这一时期提升缓慢。

中国技术市场迅速发展，2000—2013年的技术市场成交合同金额年均增长率达到20.65%，其中，西部地区技术市场的发展速度高于其他地区，东部地区市场基数大，发展较为平稳。

如果仅从科技创新产出的情况来看，科技创新的投入具有相应的效果，这种判断是否准确值得商榷，尤其是仅以专利或论文作为指挥棒，科技与经济的融合依然会遇到障碍。需要结合科技创新的中间产出和终端产出，从效率的角度对政府科技投入进行评价。

4

政府科技投入效率测度整体思路

科技创新是一种社会生产，由于本文的研究视角是各区域政府科技效率及其变化情况，因此将各地区作为无差异的科技创新单元，政府在该地区的投入作为生产投入。

4.1 政府科技投入效率的基本结构

本文对政府科技投入效率的研究从技术效率和配置效率两个层面入手，其中技术效率是政府科技投入效率的外在表现，也是效率测度的内容，可观察也可计量；配置效率是政府科技投入效率的内在核心，由政府科技资源的配置机制决定，不易观察和测量。本文通过对技术效率的测度和配置机制进行分析来探讨政府科技投入效率。

4.1.1 政府科技投入的技术效率是外在表现

政府科技投入效率是体现政府科技投入产出关系的指标，要表示政府科技投入效率，可以借助 Farrell（1957）[①] 所提出的技术效率（Technical Efficiency）

---

① Farrell M J. The Measurement of Productive Efficiency ［J］. Journal of the Royal Statistical Society. Series A（General），1957，120（3）：253 – 290.

的概念，即指既定投入下，追求最大的产出水平，如果无法达到最大的可能产出量，则认为无效。在完全竞争市场中，如果一个生产单元在选择最佳投入组合的情况下，依然无法实现技术效率，那么竞争机制将会把这类生产单元淘汰。造成技术无效的原因很多，如管理水平、投入瓶颈、生产方式等。

在科技创新领域，将政府作为生产单元，政府仅直接执行部分科技创新活动，主要职能是营造创新环境，让更多的科技创新主体在政府所创造的平台上开展科技创新活动，并将成果应用于社会生产中。因此，作为生产单元的政府，存在生产可能性前沿面，即国内外文献中所谓的技术效率，它的含义是在给定技术水平下，在确定投入下，生产单元可能获得的最大产出水平，或者在确定产出下，消耗的最小投入。

实际上，根据生产模型的投入集合和产出集合以及生产可能性前沿面和等产量线的投入可能性前沿面可知，政府科技投入效率可以通过投入确定条件下的产出扩张和产出确定下的投入压缩程度来表示。那么技术效率则表示接近生产可能性前沿面的程度，反映实际产出与理论最大产出间或实际投入与理论最小投入间的水平差距。如图 4 - 1 所示。

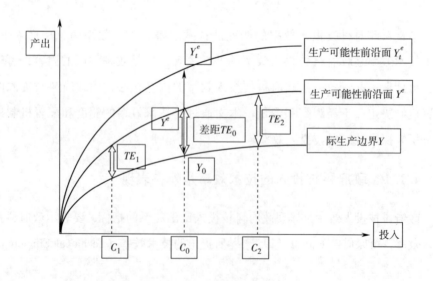

图 4 - 1　技术效率理论模型图

在投入水平为 C_0 的情况下，所对应的实际生产边界中的产出 Y_0 与生产可能性前沿面对应的产出 Y^e 之间的距离表示生产过程中的效率损失。技术效率用来衡量在无生产技术革新的情况下，生产单元具有的最大产出能力，描述生产单元接近生产可能性前沿面的程度。在发生生产技术变革的情况下，生产可能性前沿面会向外移动至 Y_t^e，如果此时生产单元依然采用原有的生产技术，并且依旧保持原有管理水平、投入规模和生产方式，那么实际生产边界与生产可能性前沿面之间的距离将扩大，即技术效率将会降低。

未发生生产技术变革，并且生产规模一定的情况下，即在 C_0 的投入规模下，此时的技术效率仅由管理水平、生产方式等生产单元个体因素所决定，此时的技术效率被称为纯效率。

如果生产规模发生变化，即由 C_0 减少为 C_1 或增加为 C_2 时，实际生产边界与生产可能性前沿面之间的距离会发生变化，即由生产规模变化导致技术效率产生变化，此时技术效率中除纯效率外，又融入了规模因素，一般将技术效率中规模因素带来的效率成分称为规模效率。综上所述，在一定生产技术水平下，政府科技投入的技术效率，可以分为规模效率和纯效率。

将整个科技创新视为政府参与和主导的创新生产活动，在科技创新领域，套用技术效率来研究政府科技效率时需注意，科技创新活动存在复杂性和不确定性，创新活动的实际价值不易客观辨认和计量。因此，生产可能性前沿面的确认可以通过两种方式来获得，一种是将该领域内无差异生产单元中的最优生产单元的实际生产边界作为生产可能性前沿面，另一种是通过该领域内的生产函数来测算生产可能性前沿面，前一种方式研究的技术效率是相对量，后一种方式研究的技术效率是绝对量。

4.1.2 政府科技投入的配置效率是内在核心

资源配置效率问题的产生源于资源的稀缺性，对效率问题的本源认识都是基于如何实现既定的资源投入情况下产出最大或既定产出水平下投入最小。

亚当·斯密在《国富论》① 中指出，由于每个经济人在经济自由条件下都追求利益最大化，由此带来"看不见的手"发挥资源配置机制的作用。因此，在古典经济学中，市场机制可以实现资源有效配置。新古典经济学将资源稀缺性作为经济分析的前提，在此前提下，如何最大限度地满足需求成为其理论核心。在"经济人""完全竞争""完全理性"等一系列严格假设条件下，一般均衡理论实现了市场机制有效配置稀缺资源的证明。对于如何实现资源配置效率，帕累托最优被提出，并作为理论标准。

既然效率是投入与产出的关系，即通过有限投入来满足需求的程度，那么效率实际上是对资源配置状态的一种描述。研究效率的前提正是资源的稀缺性，资源稀缺性和需求的无限性使效率成为经济学研究的核心。政府科技投入效率的核心也正是资源配置效率，通过效率来刻画政府科技资金的配置状态。帕累托效率作为经济学中唯一明确给定的效率界定，对政府科技投入的配置效率研究具有借鉴意义。

对于经济效率的概念，经济学界通过帕累托最优或帕累托效率明确对其给予界定。帕累托效率局限于对社会福利的增加或降低的描述，是指在已不能通过改变产品和资源的配置，并且其他人效用水平至少不减少的情况下，使其他人效用水平有所提高。相应地，帕累托无效率或经济无效率是指一个经济体还能通过重新配置资源和产品，在其他人效用水平不变的情况下，使一个或一些人的效用增加。

通过埃奇沃思方框图可以恰当地描述交换和生产中的帕累托效率。在交换中，帕累托效率，即配置效率被描述为：无法使所有各方境况更好；不可能使某一方境况更好，而又不使另一方境况变坏；从交易中能得到的所有利益都已取尽；无法进一步再做互利交易。这种描述对应了樊纲在《市场机制与经济效率》② 中的描述。

① Smith A. The Wealth of Nations ［M］. New York：Prometheus Books, 1991.

② 樊纲. 市场机制与经济效率 ［M］. 上海：上海三联书店, 1992.

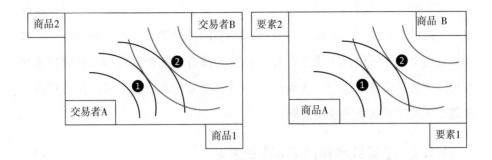

图4-2 交换和生产中的效率

为进一步描述交换中的帕累托最优，边际替代率（MRS）的概念被引入，相应地，为描述生产中的配置效率，边际转换率（MRT）的概念出现了。图4-2左图表示产出在消费者间的配置带来的效用最大化，两交易者间商品1和商品2的边际替代率相等；图4-2右图表示生产要素在产出中的配置带来的产出最大化，两商品生产中要素1和要素2的边际转换率相等。交换和生产中的配置效率在均衡状态下同时实现，要求边际替代率与边际转换率相等，最终形成帕累托效率或帕累托最优的条件，体现了竞争市场中的交换效率、生产投入效率、市场效率。在交换和生产中的配置效率中，具有的隐含假设是，交换中消费者偏好的无差异曲线是凸的，生产中生产集是凸的，这意味着规模收益不变或递减，即不考虑规模效应的存在。这对应了福利经济学第一定律[①]和第二定律[②]。

在经济学理论中，帕累托效率是一种资源配置的状态，对这种状态的研究集中于生产和交换中，其表现的外在形态是均衡。竞争均衡存在性和帕累托有效率原理，被安放在消费者效用极大化和生产者利润极大化，以及市场供求相等这两块基石上[③]。

借鉴帕累托效率的理论内容，政府科技投入的配置效率不仅涉及科技研

---

① 竞争均衡为帕累托有效率配置。

② 只要偏好呈凸性，每一帕累托有效率配置可被证明为竞争性均衡。

③ 哈尔·R. 范里安著，费方域译. 微观经济学：现代观点（第六版）［M］. 上海：上海人民出版社，2006.

发，也延伸至成果转化和产业应用中，这其中不仅涉及科技研发过程也涉及成果交换过程。总之，在政府科技投入效率的研究中，不管是科技研发、成果转化还是产业应用，本质上都存在政府科技资金的配置问题。政府投入作为生产要素贯穿整个过程，在此过程中的要素配置效率成为政府科技投入的关键，决定配置效率的是配置机制。

4.1.3 配置效率和技术效率的关系

生产函数只是对各种产出或投入间的替代作用进行了反映，并没有反映专业化水平与组织结构对生产率所产生的影响。生产技术水平和专业化水平与生产组织形式紧密相连，而生产专业化水平有的在投入要素中得到了体现，有的则并未得到体现生产，组织形式差别几乎均未能体现在投入要素中。

基于技术视角，技术效率尤其关心资源的优化配置和利用，而不关注其成本。比如，对劳动、固定资产等投入非常关注。如果投入的生产要素能够实现最优组合，并且产出最大，那么技术是有效率和最优的。

广泛意义上的效率是指投入产出比，那么对效率的追求意味着"正确地做事"与"做正确的事"的统一，没有前者，则无法实现资源的节约，没有后者，科技创新的投入则无法实现价值。技术效率和配置效率都体现政府科技投入与产出关系，技术效率是科技创新生产函数中显性产出与投入的比值，配置效率则分析政府科技投入的资源组合行为和机制。在研究政府科技投入效率的过程中，技术效率将政府科技投入体系和科技创新体系作为"黑箱"封装后进行"打包"处理，体现"黑箱"整体的运行状况。

相应于技术效率仅对"黑箱"运行结果的体现，配置效率就是对其内部运行体系、运行机制和行为因素的分析。只有将二者相结合才有助于对政府科技投入效率进行有效的分析和评价。

生产单元的技术效率是配置效率的"附属品"，缺乏技术效率的生产单元在竞争中被自动淘汰。配置的合理性是指政府科技投入的配置效率，即不能再通过改变政府科技资金的分配来提高全社会对科技创新的产出满足程度。

配置效率决定技术效率，技术效率是配置效率的外在表现，政府科技投入资金配置规模和配置方式的合理性分别决定了技术效率中的规模效率和纯效率。配置规模是指政府科技投入的资金总量，包括某一地区或科技创新某一环节中的资金总量；配置方式是指在规模一定的条件下，资金使用的方式。配置效率中的规模和方式，以及技术效率中的规模效率和纯效率是一个统一的整体。

另外，技术效率可以仅在生产边界内分析，通过科技创新这一生产过程的生产边界距离来定义，而配置效率则需要将这一边界延伸至经济性，即通过政府科技投入带来的收入和产值边界来进一步确认。技术效率偏向于物理概念，价格信息对其无影响，而收入和产值是经济概念，因此配置效率偏向于经济概念，价格信息对其有影响。在技术效率测度中，专利等产出无法像具体产品一样给出市场公允的价格，因此在政府科技投入效率的测度中偏向于技术效率，而配置效率的研究一方面通过对其内部运行机制的分析，另一方面将地区生产总值作为科技创新的产出进行配置效率分析。

4.2　静态和动态的政府科技投入效率

政府科技投入效率是体现政府科技投入与产出比的指标，是现有生产能力与潜在生产能力的比较，是实现产出最大化或投入最小化的程度体现。这一指标代表一种状态，这种状态既包含同一时间维度下，无差异性生产单元的产出最大化或投入最小化的程度，也包含不同时间维度下，同一生产单元的效率变化，因此除同一时期的政府科技投入效率外，还存在跨时期的政府科技投入效率。

不管是同时期还是跨时期的政府科技投入效率，通过效率的比较可以判定各地区所处的状态，分别是横向的地域差异和纵向的时间差异状态。

4.2.1　静态与动态效率测度的原理

在本文中将同时期的效率分析称为静态分析，用 TE 表示，体现该地区在相似区域间所处的位置，借鉴 Farrell（1957）的定义，将其称为科技创新生产中的技术效率；将跨时期的效率分析称为动态分析，用 TFP 表示，体现该地区在不同时期的效率变化情况。

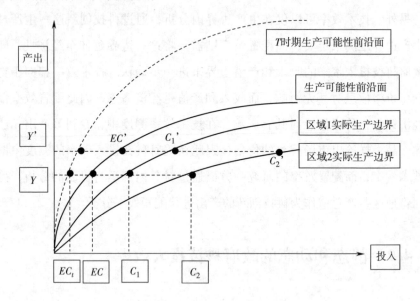

图 4 - 3　政府科技投入效率静态与动态测度理论模型图

如图 4 - 3 所示，在同时期政府科技投入效率中，效率的构成包括规模效率和纯效率。同一生产规模 Y 下，不同地区表现出不同的政府科技投入 C_1 和 C_2，EC/C_1 和 EC/C_2 分别代表两个地区的政府科技投入技术效率，表示技术效率中排除规模差异因素后的部分，称为纯效率（PTE）。实际情况中，地区间的科技创新生产规模往往不同，当规模由 Y 变为 Y' 时，两个地区的政府科技投入分别变为 C_1' 和 C_2'，相应的政府科技投入技术效率变为 EC'/C_1' 和 EC'/C_2'，这其中就有规模效率（SE）的影响。在地区间进行同时期政府科技投入效率比较时，不仅有同规模下的效率差异，也有不同规模下的效率差异。不管规模是否变化，作为测量基准的生产可能性前沿面都没有发生变化。

在跨时期政府科技投入效率测度中，生产可能性前沿面将出现移动，如图 4 - 3 中的虚线所标识，此时效率的比较基准将发生变化，即 EC 移动至 EC_t，如果生产单元的实际生产边界不变化，则生产规模 Y 对应的效率变为 EC_t/C_1 和 EC_t/C_2。此时效率的变化又被称为动态变化，是随时间推移出现的技术进步（TC）带动效率产生的变化。

4.2.2 效率测度中的技术效率与技术进步

技术进步与技术效率的概念均源自经济增长理论。广义上，技术是社会生产中所应用的知识，而技术进步是这些应用知识的积累和增进。在经济学中，技术是指生产中的工艺、技能、中间产品等方面的内容，技术进步是指生产过程中的设备改进、工艺和技能提升、新材料的使用等。技术进步可以实现要素的节约，即在不减少产出的情况下，降低劳动力或资本的投入量。对于技术效率，借鉴 Farrell（1957）的定义，是指在技术水平和市场价格一定的前提下，获得一定量产品所需的最小要素投入量与实际投入量的比值。

技术进步是将生产力由知识形态变为物质形态，提高经济和社会效率的过程。技术进步内容较为广泛，具体有科研突破、科技成果应用、技术改造、组织管理方法改进、劳动力素质提高、经济政策改善、经济体制和机制完善、资源合理配置、生产结构调整等。

早期经济学中技术进步的含义是扣除要素投入对经济增长作用后的部分，这也是索洛残值的原理，目前很多测算方法也是根据此原理展开的，该方法的隐含假设包括生产有效率、规模报酬不变和中性技术进步等，其中的关键是生产有效率，即产出一定时，处于投入最小化的状态，事实上，这一假设前提并不能实现。

在新经济增长理论中，技术进步成为经济增长的核心，经过效率测算理论的推进，技术效率被融入到索洛的经济增长理论中，要素、技术进步和技术效率构成了推动经济增长的因素，也是目前理论界普遍接受的观点。总体来看，要素投入量和要素生产率是经济增长的源泉，由于在经济发展中，要素投入量往往不是单一的，因此全要素生产率的概念被提出，全要素生产率表示所有要素的综合生产率的增长率，并非仅体现技术进步，而是代表了经济增长贡献中除投入要素增加外的部分，这与索洛原理中技术进步的内涵相同。

古典经济增长理论倾向于扩大范围，把所有导致产量增加或成本减少的经济活动，即全要素生产率，都归纳为技术进步，也就是说，凡是影响生产函数、经济增长中不能用资本和劳动等投入要素来解释的任何其他要素，均属于技术进步的范围；相比之下，全要素生产率是指各要素如资本和劳动等投入之外的技术进步和能力实现等导致的产出增加，是剔除要素投入贡献后所得到的残差。显然，这种广义的技术进步把一些非技术性的因素，如制度因素、社会文化因素，以及由自然条件的变化而引起的单位投入的产出变化增大，都涵盖其中了。

4.2.3 效率动态变化的成因

本文将各地区作为科技创新生产单元，政府科技资金作为投入要素，科技创新成果以及最终的经济发展水平作为产出，政府科技投入效率的实质是这一生产过程中的生产率，用全要素生产率的概念来表示生产率的变化情况，全要素生产率是技术进步和技术效率的融合。借鉴 Nishimizu（1982）[①] 和 Kalirajan（1996）[②] 对索洛原理的延伸，将全要素生产率的概念用于政府科技投入效率的研究，在测度政府科技投入效率的实际应用中，将其分解为技术

---

① Nishimizu M, Page J M. Total Factor Productivity Growth, Technological Progress and Technical Efficiency Change：Dimensions of Productivity Change in Yugoslavia, 1965 – 78 ［J］. Economic Journal, 1982, 92（368）：920 – 936.

② Kalirajan K P, Obwona M B, Zhao S. A Decomposition of Total Factor Productivity Growth：The Case of Chinese Agricultural Growth before and after Reforms ［J］. American Journal of Agricultural Economics, 1996, 78（2）：331 – 338.

效率的变化和技术进步，前者是指实际投入相对于最优投入的移动，后者是指生产投入边界的缩小。实质上，技术效率是静态描述的指标，而技术进步是动态变化的指标。技术效率反映了"截面"效应，也就是生产单元向最佳生产状态接近的程度，而技术进步反映了"增长"效应，即生产单元的最佳生产状态变化的情况，也就是生产可能性前沿面移动的情况。

政府科技投入的全要素生产率中包含要素使用效率提升、规模经济、管理水平提高等诸多内容，用全要素生产率的概念来代替索洛原理中技术进步的概念的原因之一是全要素生产率可以分解为技术效率变化和技术进步，而技术效率变化又可以分解为纯效率变化和规模效率变化。

技术效率变化通过提供纯效率和规模效率向已固定的生产可能性前沿面移动，进而提高全要素生产率，技术进步通过移动生产可能性前沿面来提高全要素生产率，前者是个体微观变化，后者是整体宏观变化。技术效率的变化一方面通过提高管理和专业化水平来提高纯效率，另一方面通过优化投入规模来改善规模效率；技术进步的实现需要全体生产单元的集合对所处创新环境的优化，包括政策、制度、创新条件等要素的改进。

4.3 科技创新过程中的政府科技投入效率

4.3.1 科技创新的过程与环节

创新价值链的概念源自 Porter（1985）[1]，本文将在此基础上，从创新价值链的视角来观察政府科技投入效率，分析在科技创新过程的各环节中的政府科技投入效率。科技创新是连续、多阶段的过程，政府科技投入贯穿于整个科技创新过程。

---

① Porter M E. Technology and Competitive Advantage［J］. Journal of Business Strategy, 1985, 5
（3）：60 – 78.

20 世纪 70 年代所形成的"线性范式"认为科技创新经历了"发明—开发—设计—中试—生产—销售"的过程；此外，科技创新在 20 世纪 50 年代到 80 年代经历了技术推动模式和市场拉动模式的发展，技术推动模式强调技术本身和研发投入的重要作用，而市场拉动模式则强调技术应用和商业化的重要性，这两种模式都属于线性模式。不管是哪种模式都仅仅是线性创新模式，仅将科技创新局限于企业内部，缺乏系统的理念，在政府科技投入的研究中需要立足于整个科技创新体系，国家创新体系和区域创新体系的提出为科技创新注入了系统科学的理念，政府投入在创新体系中不仅需要弥补市场失灵还要弥补系统失灵。

知识、技术和资本的全球化使创新模式进行了升级，科技创新的开放性和复杂性极大增强，科技创新的组织模式正发生变革。在计划体制下，政府全面管理科技创新由客观条件决定，企业不具备创新的动力和条件。随着我国市场体制改革不断深化，经济制度不断完善，创新型国家的建设步伐也在加快，不管是立足国际创新动态，还是立足国内经济、社会环境，科技创新都表现出网络化和开放化的特征。

创新成为各创新主体行为和创新机制相互作用的结果，技术变革并不出现在线性序列之中，而是出现在国家创新体系内部的相互影响的各环节中。在整个科技创新过程中，政府是主导，企业是核心。通过政府在科技领域的投入，营造创新环境，构建创新体系。

政府在科技创新中的投入不超越国家创新体系的功能范畴，通过政府科技投入将创新链条中的科研机构、企业、高校、中介机构等主体进行有机结合，调动各行为主体的积极性，在发挥市场对要素配置的导向作用下，实现创新链中政府科技投入的高效率。

企业通过科技创新来强化自己在市场竞争中的优势，科技创新的知识可能来源于外部，包括科研机构、高校甚至是其他企业，也可能来自企业内部。用于科技创新的资金一部分是企业的直接投入，另一部分是政府的直接和间接支持，直接支持主要是政府通过项目形式给予的投入或补贴，间接支持是指政府通过科研条件建设投入改善创新条件、在基础性和共性技术方面给予支持等。

4.3.2 科技创新过程中的效率体现

根据国家创新体系理论，知识创新体系和技术创新体系是两大主要内容，相应的创新中知识创新和技术创新成为两个主要环节。知识创新主要是知识的生产、传播和转移，知识创新系统是由与知识的生产、扩散和转移相关的机构和组织构成的网络系统，核心是科研机构和高校。技术创新主要是知识的应用，包括新材料和新产品，技术创新系统的核心是企业。目前国际上对R&D活动的划分，通常为基础研究、应用研究和试验发展，其中基础研究偏向于知识创新，应用研究和试验发展偏向于技术创新。随着科技创新的复杂化和网络化，知识创新和技术创新并没有严格的前后顺序，在创新链中更多地体现为相互融合和相互影响。创新链的终端都是市场，在市场上实现创新活动的价值。具体来说，就是要以市场为导向，实现产业化，推动领域发展，促进产业结构变革，创造巨大的经济效益或社会效益。

总体来看，越接近市场，技术风险越低，市场风险显现，市场的配置机制作用越强；越远离市场，技术风险越高，市场风险隐形，对政府投入的需求越强。

政府科技投入效率受到科技创新各环节的制约，如图4-4所示，需要经过科技研发和产业应用的环节。通过政府科技投入推动创新战略的实施，提高政府科技投入效率，不能仅关注创新链中的单一环节。因此，由投入到专利等科技成果仅仅是科技创新的一部分，体现政府科技投入在研发环节的效率，但并非创新的最终目的。在研发环节外的产业应用体现了将成果应用于产业、实现经济价值和社会价值的能力，如果仅重视研发，轻视产业化和价值化的能力，会造成政府科技投入的浪费。

政府科技投入的成果最终需融入商品中，实现价值，新技术、新工艺等是通向新产品的中间产物，张宗和彭昌奇（2009）将专利作为新知识产出，

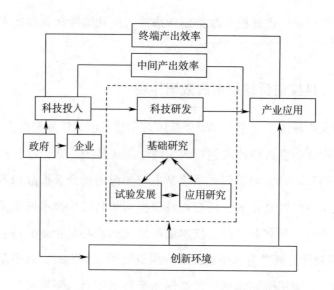

图 4-4 基于过程的政府科技投入效率研究图

界定为初始产出，将新产品作为新知识的商业化，界定为最终产出；肖文和林高榜（2014）根据产出不同，将专利和新产品衡量的技术创新活动分别界定为非市场化导向和市场化导向的技术创新活动。Solow（1951）提出创新成立需要两个条件，一是新思想的来源，二是后阶段的实现和发展；Freeman（1987）将技术创新归纳为新产品、新过程、新系统和新装备。在张宗和和彭昌奇（2009）、肖文（2014）[①] 等研究的基础上，结合 Solow（1951）[②] 技术创新"两步论"和 Freeman（1982）[③] 四形态分析模型，本文将专利界定为中间产出，将新产品界定为终端产出，将单独以专利和新产品作为产出形成的效率分别界定为中间产出效率和终端产出效率。中间产出效率体现了研发能力，可以理解为政府科技投入中的研发效率，终端产出效率则体现了产业化和价

---

① 张宗和和彭昌奇（2009）将专利作为新知识产出，界定为初始产出，将新产品作为新知识的商业化，界定为最终产出；肖文和林高榜（2014）根据产出不同，将专利和新产品衡量的技术创新活动分别界定为非市场化导向和市场化导向的技术创新活动。

② Solow R M. On the Dynamics of the Income Distribution [M]. Harvard University, 1951.

③ Freeman C, Clark J, Soete L. Unemployment and Technical Innovation: A Study of Long Waves and Economic Development [M]. Burns & Oates, 1982.

值化的能力，可以理解为政府科技投入中的转化效率。

值得注意的是，产业应用中科技研发成果并非完全来自生产单元自身，也可能通过引进消化吸收区域外科研成果，因此不能将各地区的产业能力简单理解为对本地区内科研成果的应用和价值转化能力。

4.4 本章小结

本章对政府科技投入效率的结构进行了分析，着重论述技术效率和配置效率的关系，并从时间和科技创新流程两个维度来对效率进行观察。

（1）技术效率和配置效率的关系

科技创新中政府能力和水平的体现需要建立在效率的基础上。技术效率和配置效率是政府科技投入效率的两个层面，其中技术效率是政府科技投入效率的外在表现，也是效率测度的内容，可观察也可计量；配置效率是政府科技投入效率的内在核心，由政府科技资金的配置机制决定，不易观察和测量。

技术效率是外在表现，配置效率是内在核心。技术效率和配置效率都体现政府科技投入与产出关系，技术效率是科技创新生产函数中显性产出与投入的数量关系，配置效率则反映政府科技投入的资源组合行为和机制。在研究政府科技投入效率的过程中，技术效率将政府科技投入体系和科技创新体系作为"黑箱"封装后进行"打包"处理，体现"黑箱"整体的运行状况。相对于技术效率仅对"黑箱"运行结果的体现，配置效率就是对其内部运行体系、运行机制和行为因素的分析。

（2）静态效率和效率动态变化

效率是一种状态，静态分析的效率结果代表政府科技投入规模和管理水平，动态分析的效率结果代表政府科技投入规模、管理水平变化情况，以及创新环境变化。

静态效率是在一定生产技术水平下，政府科技投入的技术效率，可以分为规模效率和纯效率。效率的动态变化分解为技术效率变化和技术进步，而技术效率变化又可以分解为纯效率变化和规模效率变化。决定政府科技投入的技术效率由地区自身的投入资金管理水平、投入机制和方式、投入规模和结构来决定，可以通过学习位于或更接近于生产可能性前沿面上生产单元的经验，提高管理和专业化水平，提高技术效率，技术效率的变化是在微观层面产生的，是由单个生产单元自身决定的。技术进步，可以通过全国范围内的政策制定、制度变革、创新条件改善来实现，由此可见，技术进步是宏观层面产生的，是由生产单元的整体集合决定的。

（3）中间产出效率和终端产出效率

政府科技投入效率受到科技创新各环节的制约，需要经过科技研发和产业应用的环节。通过政府科技投入推动创新战略的实施，提高政府科技投入效率，不能仅关注创新链中的单一环节。

政府科技投入的成果最终需融入商品中，实现价值，新技术、新工艺等是通向新产品的中间产物，本文将专利界定为中间产出，将新产品界定为终端产出，将单独以专利和新产品作为产出形成的效率分别界定为中间产出效率和终端产出效率。中间产出效率体现了研发能力，终端产出效率则体现了产业化和价值化的能力。

5

政府科技投入效率的测度与结果分析

第四章进行了政府科技投入效率构成的研究，对政府科技投入效率的构成、分类以及研究视角进行了分析。本章在第四章的基础上进行政府科技投入效率的实证研究，本章是本文的核心内容之一。本章主要从政府科技投入效率的测度和影响效率的因素分析两方面进行。

这两个方面的实证研究都在中国省级层次上展开全面分析。将"科技创新体系"作为"黑箱"处理，政府科技投入效率的测度是对政府资金在"黑箱"中作用效果的评价，而对政府科技投入效率影响因素的分析是在评价结果的基础上对"黑箱"进行分析，为第七章设计政府科技投入效率提升路径、改善政府科技投入在"黑箱"中的作用、提高科技创新能力奠定基础。

5.1 指标选择与数据处理

本文从两个方面对政府科技投入效率指标进行设计，一方面是政府科技投入效率的测度指标，另一方面影响政府科技投入效率变化的因素选取。前者从政府科技投入与产出的角度进行效率测度的指标选择，将政府科技投入体系作为"黑箱"，不考虑体系内部结构、运行机制以及外部环境，仅关注体系运行的结果。后者将政府科技投入体系这一"黑箱"进行剖析，关注政府科技投入体系的运行机制以及与外部环境的相互作用。对效率测度指标的选取关注点在于资源要素，对影响因素指标的选取关注点在于配置机制和环境。

5.1.1　效率测度指标选择

效率测度指标需要从投入和产出两个方面进行构建，其中投入指标是指政府科技投入的资源要素，包括人力、物力、财力和信息，物力和信息资源要素可以通过人力和财力资源要素体现。

政府科技投入效率的测算中，政府资金作为引导要素，带动全社会资源在科技创新领域的配置，企业作为技术创新的主体，是科技创新投入的主要力量，因此，要全面分析政府科技投入效率，除政府科技投入外，还需要考虑知识存量和劳动力等影响政府科技投入效率的投入要素。如果政府科技投入中仅仅考虑政府资金，那么在进行效率测度的过程中容易因此产生偏差。

以前对科技创新投入效率的研究中，多数文献将政府科技投入、R&D 经费支出和 R&D 人员等流量要素作为财政科技投入要素（Pavitt、Wald，1971；Bound 等，1984；Sharma、Thomas，2008；刘顺忠、官建成，2002；冯根福等，2006；史修松、赵曙东、吴福象，2009；黄柯舫、向秦、何施，2014）。存量要素也同样对科技创新和知识生产具有作用（严成樑，2009；Pessoa，2005），而且作用效果是持续的，吴延兵（2008）、白俊红等（2009）[1][2]、程惠芳和陆家俊（2014）[3]将 R&D 存量作为投入要素，本文在结合流量和存量概念的基础上研究政府科技投入效率。

对于政府科技投入效率测度中的投入指标，本文选择政府科技投入、人力资本投入、科技创新资本存量三个变量，其中前两个变量是流量投入，第

---

①　白俊红，江可申，李婧. 中国地区研发创新的相对效率与全要素生产率增长分解［J］. 数量经济技术经济研究，2009（3）：139–151.

②　白俊红，江可申，李婧. 应用随机前沿模型评测中国区域研发创新效率［J］. 管理世界，2009（10）：51–61.

③　程惠芳，陆嘉俊. 知识资本对工业企业全要素生产率影响的实证分析［J］. 经济研究，2014，49（5）：174–187.

三个变量是存量投入，人力资本投入和科技创新资本存量构成政府科技投入的资源条件。为保证数据的完整性和可获得性，政府科技投入使用 R&D 经费内部支出中政府资金表示，人力资本投入使用 R&D 人员全时当量表示，科技创新创新资本存量使用 R&D 资本存量表示，通过永续存盘法计算获得。

关于科技产出指标，结合数据的可获取性，本文选择两个指标对产出水平进行衡量，其一，根据科技创新成果的直接表现，选择专利作为产出指标；其二，考虑到科技创新成果的转化，选择新产品作为产出指标。在研究科技领域效率的文献中，普遍将专利（肖文、林高榜，2014；Akihiro 等，2008；Nasierowshi 等，2003）和新产品（李平、随洪光，2009；李习保，2007）作为产出指标，其中中国的三种专利中发明专利相较于实行新型专利和外观设计专利具有更高的科技创新含量，能更好地体现科技创新产出，反映一个国家和地区的科技创新综合实力和知识生产能力，因此本文选用发明专利作为产出指标。由于数据的可获取性及其他因素，目前选用的指标也难以考虑一些具体因素，比如，专利质量上存在较大差别，而部分重要的发明并不注册为专利，专利不完全反映科技创新的产出（Comanor 等，1969），很多科技投入用于工艺创新和产品改进（Jefferson 等，2004）。

在实证过程中，根据产出不同，除对专利和新产品作为政府科技投入的多产出进行综合效率测度外，又分别将专利和新产品作为单一产出进行效率测度，这样处理有其必要性。张宗和和彭昌奇（2009）将专利作为新知识产出，界定为初始产出，将新产品作为新知识的商业化，界定为最终产出；肖文和林高榜（2014）根据产出不同，将专利和新产品衡量的技术创新活动分别界定为非市场化导向和市场化导向的技术创新活动。这些研究和分类有其合理性，也存在不足，专利并非科技创新的初始产出，论文、专著等更能代表新知识产出，同时，专利往往也是以市场需求为导向，因此将专利作为非市场化导向并不严谨。

科技创新的成果最终需融入商品中，实现价值，新技术、新工艺等是通向新产品的中间产物，在张宗和、肖文等研究的基础上，结合 Solow（1951）

技术创新"两步论"和 Fereman（1982）四形态分析模型，将专利界定为中间产出，将新产品界定为终端产出，分别将单独以专利和新产品作为产出的效率界定为中间产出效率和终端产出效率，将两者共同作为产出的效率界定为综合产出效率。

投入变量和产出变量的指标和数据来源如表 5 - 1 所示。

表 5 - 1　　　　　　　　　　　　　　效率测度变量表

变量	指标	数据来源
EF	政府科技投入	T 期各地区 R&D 经费内部支出中政府资金
RL	人力资本投入	T 期各地区 R&D 人员全时当量
KS	科技创新资本存量	T - 1 期各地区 R&D 资本存量
PG	专利授权数	T + 1 期国内发明专利申请授权数
NP	新产品	T 期各地区规模以上工业企业新产品销售收入

本文的实证研究中将构建生产前沿面，通过距离函数测算效率，政府科技投入、人力资本投入和科技创新资本存量作为构成前沿边界的投入变量，并且在本文将其作为引致变量来处理。

5.1.2　影响因素指标选择

政府科技投入效率受运行机制和科技创新环境等因素的影响，这种影响通过对科技创新资源各配置主体的影响以及主体间的相互作用实现。为对影响因素进行分析和验证，首先提出以下假设：

假设 1：经济发展水平与政府科技投入效率正相关。地区经济发展水平越高，该地区能为科技创新积聚的财力资源越多。处于较高发展水平的地区，其经济和社会的发展往往以创新驱动为主，因而形成对科技创新的内在需求，全社会对科技创新的投入越有动力，政府科技资金的带动性就越强，进而形成较高的政府科技投入效率。

假设 2：政府对科技创新活动的资金支持与政府科技投入效率正相关。仅依靠市场机制无法使科技投入处于最优水平，政府对科技创新活动的资金支持可以有效弥补市场失灵。当然,科技创新中政府的资金投入可能会产生挤出效应,本文在假设中设定政府科技投入对全社会科技投入的带动作用大于挤出效应。

假设3:地方政府科技创新投入占比与政府科技投入效率正相关。地方政府更了解区域对科技创新的需求,能更好地带动当地社会科技创新投入,尤其是对于制约当地经济社会发展的产业技术问题,地方政府更有投入的动力。

假设4:研发投入强度、科研资源禀赋水平与政府科技投入效率正相关。研发投入强度和科研资源禀赋水平代表全社会科技创新的财力和物力条件,条件越好,政府科技资金撬动存量资本的能力越强,效率也就越高。

假设5:科技创新交易环境与政府科技投入效率正相关。科技市场交易越活跃越有利于政府科技投入效率的提升,科技市场越活跃,创新主体沟通越紧密,科技资源配置越有效。

基于上述基本假设,本文选取以下六个指标,进行影响中国政府科技投入效率的因素指标体系构建,如表5-2所示。

表5-2 政府科技投入效率影响因素指标表

变量	影响因素	指标选择
IRD	研发投入强度	R&D 经费投入强度
RGF	政府资金投入占比	R&D 内部支出中政府资金的占比
SCL	中央地方支出责任划分	各地区地方财政科学技术支出与 R&D 内部支出中政府资金的比值
LE	经济发展水平	人均地区生产总值
SRL	科研资源禀赋水平	各地区研发人员的 R&D 经费投入的人均占有量
TM	科技创新市场环境	各地区技术市场成交合同金额与 R&D 内部支出的比值

5.1.3 数据处理与资本存量测算

5.1.3.1 数据处理

指标滞后性处理。R&D 内部支出与发明专利间存在时滞效应(Griliches,1984),目前的文献中对科技投入和产出间的时滞性问题的处理较为有代表性的有两类观点、三种处理方式:一类观点是科技创新需要一定的周期,因此科技创新投入产出间的时间差需要通过时间延迟的方式进行处理,在具体延迟时间的处理中，一种方式是延迟 4 年（官建成、何颖，2005），另一种方式是延迟 1 年（Jefferson 等，2002；朱有为，2006；史修松、赵曙东、吴福象，2009[①]）；另一类观点是因不同行业领域内科技创新性质差异较大，在无法区别对待时，对科技创新的时滞问题进行回避（王伟光，2003）。本文在处理时滞性问题时，不再根据科技创新周期进行处理，而是根据每个具体指标，从投入和产出性质的角度来分析指标。科技创新资本存量的影响具有持续性，当期资本存量不一定全部投入当期的科技创新，而且与当期政府科技投入存在重叠，因此使用前一期资本存量，即使用 T－1 期的 R&D 资本存量。政府科技投入和劳动力投入不考虑时滞性问题。产出中，因考虑发明专利由申请到授权至少需要一年的时间，用 T＋1 期发明专利授权数表示当期知识产出。

指标可比性处理。涉及资金指标时，用价格平减指数来消除价格因素对指标的影响。根据目前对数据指标的要求，不管是静态分析还是动态分析都涉及跨年度的数据，因此需要使用价格平减指数来消除价格因素的干扰，其中政府科技投入使用 R&D 内部支出价格指数进行处理，新产品销售额因为使用的是工业企业数据，因此使用工业生产者出厂价格指数进行处理。而资本存量的计算需要在用永续存盘法计算 T－1 期的存量数据后，换算为 T 期价格水平下的数据。

5.1.3.2 科技创新资本存量测算

本文中科技创新资本存量用 R&D 存量予以表示。R&D 存量一般用永续盘存法（Perpetual Inventory Method，PIM）来测算，借鉴 Griliches（1980）[②]、Hall 等（1995）和简泽（2011）[③] 的方法：

$$SK_t = SI_t + (1-\delta)SI_{t-1} + \left(1-\delta\right)^2 SI_{t-2}, + \cdots +, \left(1-\delta\right)^{t-1} SI_1$$

基期的科技创新资本存量为

① 史修松，赵曙东，吴福象. 中国区域创新效率及其空间差异研究［J］. 数量经济技术经济研究，2009（3）：45－55.

② Griliches Z. R&D and the productivity slowdown［J］. American Economic Review，1980，70（2）.

③ 简泽. 市场扭曲、跨企业的资源配置与制造业部门的生产率［J］. 中国工业经济，2011（1）：58－68.

$$SK_0 = SI_0 + (1-\delta)SI_{-1} + \left(1-\delta\right)^2 SI_{-2} + \cdots$$

$$= \sum_{t=1}^{\infty} SI_{-t} \left(1-\delta\right)^t = SI_0 \sum_{t=1}^{\infty} \left[\frac{1-\delta}{1+g}\right]^t = \frac{SI_1}{g+\delta}$$

其中，SK_t 为第 t 年的科技创新资本存量，SI_t 为第 t 年的科技创新投入，δ 为科技创新资本折旧率，g 为基期前科技创新投入年均增长率。

理论界在做物质资本存量时一般假设在 10% 以下，按照国际惯例，使用 R&D 经费内部支出计算 R&D 资本存量时，将 R&D 资本折旧率设定为 15%，本文中将 R&D 资本界定为 R&D 经费内部支出的资产性支出的部分，这部分支出的主要成分为仪器和设备，2009—2013 年这一比重年均超过 80%，达到 84.43%，因此本文将 R&D 资本折旧率按照物质资本存量的折旧率 10% 计算。

在进行跨年度的资本投入计算时，会因价格波动因素造成核算结果失真，因此为更真实地反映 R&D 资本存量的真实情况，需构建 R&D 价格指数，以消除价格因素的影响。计算价格指数时，因仪器和设备的采购是在全国乃至世界范围内进行的，因此不考虑省域内价格指数，仅考虑全国范围的价格指数即可。通过查询《中国科技统计年鉴》所得的 R&D 经费内部支出可比价格增长计算得到 R&D 经费内部支出价格指数，计算资本存量时用其对 R&D 经费内部支出进行数据处理。

本文中以资产性支出来计算资本存量，因数据限制以 R&D 经费内部支出增速来代替资产性支出的增速，以 2009 年作为资本存量基期，计算基期之前的资产性支出增长率，1995—2009 年计算得出全国范围内 $g = 17.96\%$，如上文所述 $\delta = 10.00\%$，可计算得出各省资本存量。

5.2 评价模型构建

通过数据包络分析（DEA）确定目标期内每一时间点内决策单元的投入生产前沿，即投入一定条件下的最大产出或者是产出一定条件下的最小投入，然后通过每个决策单元的实际生产情况与最佳前沿进行比较得到相关效率，在此基础上可进一步测算出全要素生产率变化及其构成。效率（TE）是一种状态，研究某一时点上的相对效率和多时点上的效率变化都是必要的。

5.2.1 静态效率测度

用 DEA 模型对评价单元进行效率测度模型构建，假设有 K 个评价单元或决策单元（DMU），每个 DMU 有 N 种投入、M 种产出，投入 x_{kn} 表示第 k 个 DMU 第 n 种投入的数量，产出 y_{km} 表示第 k 个 DMU 第 m 种产出的数量。用投入矩阵 N 和产出矩阵 M 表示如下：

$$N = \begin{pmatrix} x_{11} & \cdots & x_{1N} \\ \vdots & \vdots & \vdots \\ x_{K1} & \cdots & x_{KN} \end{pmatrix}, M = \begin{pmatrix} y_{11} & \cdots & y_{1M} \\ \vdots & \vdots & \vdots \\ y_{K1} & \cdots & y_{KM} \end{pmatrix}$$

规模效益不变（CRS）条件下的可自由处置的投入集合为

$$L(y \mid C, S) = \{x : y \leq \lambda M, \lambda N \leq x, \lambda \in R_+^K\}, y \in R_+^M$$

该集合是闭集合，具有凸性，投入和产出具有强可处置性，其中，x 为 N 维非负投入，y 为 M 维非负产出，λ 为每个横截面观察值的权重，即

$$x = (x_1, \cdots, x_N) \in R_+^N, y = (y_1, \cdots, y_M) \in R_+^M, \lambda = (\lambda_1, \cdots, \lambda_K) \in R_+^K$$

基于 CRS 的效率测度函数为

$$F_i(y^k, x^k \mid C, S) = \min\{\theta : \theta x^k \in L(y^k \mid C, S)\}, k = 1, \cdots, K$$

表示 CRS 假设下，产出 y^k 所需投入 x^k 的效率，$0 < F_i(y^k, x^k \mid C, S) \leq 1$。

本文中对效率和生产率的测度均在 VRS 假设下进行，对于 VRS 假设，只要增加约束条件 $\sum_{k=1}^{K} \lambda_k = 1$ 即可。

相对于 CRS 假设下的投入集，VRS 假设下的投入集增加了条件 $\sum_{k=1}^{K} \lambda_k = 1$，表示只探讨在规模为 1 情况下的投入集，排除了规模报酬变化的影响，从图形来表示时就是将规模报酬变化所引起的非报酬集内的区域予以排除。

$$F_i(y^k, x^k \mid V, S) = \min\{\theta : \theta x^k \in L(y^k \mid V, S)\}, k = 1, \cdots, K$$

$$L(y \mid V,S) = \left\{ x : \begin{array}{c} y \leqslant \lambda M, y \in R_{+}^{M} \\ \lambda N \leqslant x \\ \sum_{k=1}^{K} \lambda_k = 1, \lambda \in R_{+}^{K} \end{array} \right\}$$

因此，VRS 假设下的投入集是 CRS 假设下投入集的子集，同时 VRS 假设下的效率要大于 CRS 假设条件下的效率，即

$$L(y \mid V,S) \subseteq L(y \mid C,S), 0 < F_i(y^k, x^k \mid C,S) \leqslant F_i(y^k, x^k \mid V,S) \leqslant 1$$

由距离函数和效率函数的内涵可知，不管是 CRS 假设下还是 VRS 假设下，距离函数与效率函数互为倒数，即 $\theta = 1/\rho$，距离函数越小表明效率越高，技术越有效，反之则表示无效率。

$$d_i(y,x) = \max\{\rho : (x/\rho) \in L(y)\}$$

$$F_i(y^k, x^k \mid C,S) = \min\{\theta : \theta x^k \in L(y^k \mid C,S)\}, k = 1, \cdots, K$$

$$F_i(y^k, x^k \mid V,S) = \min\{\theta : \theta x^k \in L(y^k \mid V,S), k = 1, \cdots, K$$

沿袭 Fare 等（1994）借助距离函数的思路，从投入的角度，在给定产出的限定条件下，将最小投入作为 DEA 模型所构建的前沿面，以实际投入与该前沿面之间的距离函数来测度技术效率，计算公式为 $d_i(y,x) = max\{\rho : (x/\rho) \in L(y)\}$，$d_i(y,x)$ 为距离函数，其所代表的含义是在产出不变的情况下，生产点 (y,x) 向理想的最小投入点移动所需压缩的比例，那么当距离函数 $d_i(y, x) = 1$ 时，该点的投入产出是有效率的。距离函数与效率函数互为倒数，距离函数越小表明效率越高，反之表示无效率。本文在静态效率研究中，将某时点上的静态效率分解为规模效率（SE）和纯效率（PTE）[①]，其中规模效率代表规模经济，纯效率代表生产及管理技术。本文中规模效率代表政府科技投入的规模经济，表示政府科技投入是否处于最优规模；纯效率代表政府科技投入的资金管理水平。

$$TE_i(y^k, x^k) = F_i(y^k, x^k \mid C,S) = SE_i(y^k, x^k) \times PTE_i(y^k, x^k), k = 1, \cdots, K$$

---

① 因价格因素和等量线端点处缺乏足够多数据点，资源组合效率和资源可处置效率不予考虑。

规模效率是评价对象与规模有效点的比较，是规模经济性发挥作用的程度，测算规模效率可使用规模报酬可变的实际产出值与规模报酬不变的规模有效产出相比较，即

$$SE_i(y^k, x^k) = F_i(y^k, x^k \mid C, S) / F_i(y^k, x^k \mid V, S), k = 1, \cdots, K$$

$$0 < S_i(y^k, x^k) \leqslant 1$$

判断规模报酬递增还是递减可以通过求解非递增规模报酬（NIRS）约束条件下的 DEA 模型来实现：

$$F_i(y^k, x^k \mid NI, S) = \min\{\theta : \theta x^k \in L(y^k \mid NI, S)\}, k = 1, \cdots, K$$

$$L(y \mid NI, S) = \left\{ x : \begin{array}{c} y \leqslant \lambda M, y \in R_+^M \\ \lambda N \leqslant x \\ \sum_{k=1}^{K} \lambda_k \leqslant 1, \lambda \in R_+^K \end{array} \right\}$$

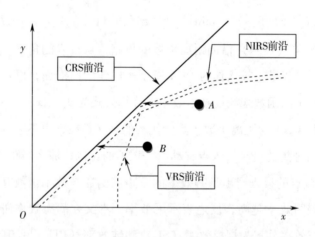

图 5-1　政府科技投入规模状态原理图

这是借用 Fare、Grosskopf 和 Logan（1983、1985）的方法，如果 NIRS 效率与 VRS 效率相等，则规模报酬递减；如果不相等，则规模报酬递增。如图 5-1 所示，A 点规模报酬递减，B 点规模报酬递增。

5.2.2 动态变化测度

用 DEA 模型测度同一时期的各生产效率时，其隐含前提条件是各地区具有相同生产前沿面，生产前沿面的概念从厂商生产效率测度中衍生而来，因此也将其称为相同技术。在动态分析时，不同时期各测度单元的相同生产前沿面会发生变化，效率的动态变化不能通过 DEA 模型直接处理时间序列数据获得。同时也因为生产前沿面随时间可能发生变化，进而导致效率变化，所以在分析效率变化的原因时需将生产前沿面变化的因素分解出来。在本文中，生产前沿面是指各地区 R&D 政府投入具有相同的科技创新环境和条件，环境和条件的变化可引起政府科技投入产出的可能性前沿面变化，即现有效率研究文献中所界定的技术进步。效率的变化可能源自效率本身的变化，即纯效率和规模效率的变化，也可能源自技术进步。

全要素生产率是对效率的动态分析，在多时点的情况下则进行动态条件下的效率分析，使用效率变化率的概念来进行效率研究，除此之外还要考虑技术进步的因素，而技术进步主要观察的是技术水平的变化。

效率变化率 $TEC(y^{t+1}, x^{t+1}, y^t, x^t)$ 可以分解为两项，分别为规模效率变化率 $SEC(y^{t+1}, x^{t+1}, y^t, x^t)$、纯效率变化率 $PTEC(y^{t+1}, x^{t+1}, y^t, x^t)$。在对效率进行分解的基础上，可以将 Malmquist 指数所代表的全要素生产率分解为技术效率变化 $TEC(y^{t+1}, x^{t+1}, y^t, x^t)$ 和技术进步 $TC(y^{t+1}, x^{t+1}, y^t, x^t)$。

由前文可知，Malmquist 指数

$$M_i(y^{t+1}, x^{t+1}, y^t, x^t) = TEC(y^{t+1}, x^{t+1}, y^t, x^t) \times TC(y^{t+1}, x^{t+1}, y^t, x^t)$$

$$TEC(y^{t+1}, x^{t+1}, y^t, x^t) = SEC(y^{t+1}, x^{t+1}, y^t, x^t) \times PTEC(y^{t+1}, x^{t+1}, y^t, x^t)$$

$$M_i(y^{t+1}, x^{t+1}, y^t, x^t) = SEC(y^{t+1}, x^{t+1}, y^t, x^t) \times PTEC(y^{t+1}, x^{t+1}, y^t, x^t)$$
$$\times TC(y^{t+1}, x^{t+1}, y^t, x^t)$$

为实现对效率的动态分析，本文通过全要素生产率（TFP）对跨期情况下的效率变化进行分析，借助 Malmquist 指数，结合 DEA 模型来测度全要素生产率，本文使用效率变化率的概念表示效率动态变化。

全要素生产率用 Malmquist 生产指数来表示：

$$M_i^t(y^{t+1},x^{t+1},y^t,x^t) = \frac{d_i^t(y^{t+1},x^{t+1})}{d_i^t(y^t,x^t)}$$

为解决参照选择上随意性的问题，Malmquist 指数经过 Fisher（1992）的改进计算公式如下：

$$M_i(y^{t+1},x^{t+1},y^t,x^t) = [M_i^t(y^{t+1},x^{t+1},y^t,x^t) \times M_i^{t+1}(y^{t+1},x^{t+1},y^t,x^t)]^{1/2}$$

$$= \left[\frac{d_i^t(y^{t+1},x^{t+1})}{d_i^t(y^t,x^t)} \times \frac{d_i^{t+1}(y^{t+1},x^{t+1})}{d_i^{t+1}(y^t,x^t)}\right]^{1/2}$$

$$= \frac{d_i^{t+1}(y^{t+1},x^{t+1})}{d_i^t(y^t,x^t)}\left[\frac{d_i^t(y^{t+1},x^{t+1})}{d_i^{t+1}(y^{t+1},x^{t+1})} \times \frac{d_i^t(y^t,x^t)}{d_i^{t+1}(y^t,x^t)}\right]^{1/2}$$

将 Malmquist 指数分为两部分：效率本身变化和技术进步，分别用 *TEC* 和 *TC* 表示，则 $M_i(y^{t+1},x^{t+1},y^t,x^t) = TEC(y^{t+1},x^{t+1},y^t,x^t) \times TC(y^{t+1},x^{t+1},y^t,x^t)$。

$TEC(y^{t+1},x^{t+1},y^t,x^t)$ 表示决策单元对最佳效率前沿面的追赶程度，对最佳技术前沿的追赶程度则用 $TC(y^{t+1},x^{t+1},y^t,x^t)$ 表示，对最佳效率前沿面的追赶又可分解为规模效率追赶 $SEC(y^{t+1},x^{t+1},y^t,x^t)$ 和纯效率追赶 $PTEC(y^{t+1},x^{t+1},y^t,x^t)$。

$$M_i(y^{t+1},x^{t+1},y^t,x^t) = TEC(y^{t+1},x^{t+1},y^t,x^t) \times TC(y^{t+1},x^{t+1},y^t,x^t)$$

$$= SEC(y^{t+1},x^{t+1},y^t,x^t) \times PTEC(y^{t+1},x^{t+1},y^t,x^t) \times TC(y^{t+1},x^{t+1},y^t,x^t)$$

如果生产率的变化是建立在时间序列数据的基础上，那么生产率的变化具有良好的传递性，但 DEA 模型结合 Malmquist 生产指数处理的是横截面数据，这种传递性受到技术是否中性的限制，在技术随时间呈现非中性变化时，Malmquist 生产指数所代表的全要素生产率传递性中断，即

$$M_i(y^{t+2},x^{t+2},y^t,x^t) \neq M_i(y^{t+2},x^{t+2},y^{t+1},x^{t+1}) \times M_i(y^{t+1},x^{t+1},y^t,x^t)$$

5.2.3 影响因素分析

由于本文使用 DEA 模型对效率进行测度，将全国 31 个省份作为测度单元，其科技创新生产的可能性前沿面由其中的最优省份来确定，效率的测度

结果是一种相对效率，效率的最大值不会突破1，因此在进行影响因素分析时选用截取回归模型（Tobit模型）来处理限制因变量关系式。

Tobit模型是分析介于0到1的连续或离散截尾数据的模型。

$$Y_i{}^* = \beta_0 + \beta_1 x_i + u_i$$

其中效率 $Y_i{}^*$ 介于0到1，是典型的截尾数据，而使用普通最小二乘法（OLS）估计回归系数不再适用，而遵循最大似然法的Tobit模型将是更优的选择。

5.2.4　政府科技投入效率测度指标说明

将政府科技投入中技术进步和技术效率的含义具体化，假设中国每个地区是政府科技投入产出中无差异的生产单元，整个中国为所有生产单元的集合。生产可能性前沿面是由所有生产单元共同决定的，而单个生产单元只能决定自己的实际生产边界。

由此可见，政府科技投入的技术效率测度中，生产可能性前沿面是固定的，因此决定政府科技投入的技术效率由地区自身的投入资金管理水平、投入机制和方式、投入规模和结构来决定，可以通过学习位于或更接近于生产可能性前沿面上生产单元的经验，提高管理和专业化水平，进而提高技术效率，此时生产可能性前沿面并未移动，即并未发生技术进步，但技术效率得到了改善。在技术效率改善的过程中，有通过调整投入规模带来的规模效率改善，也有改进管理、变革投入机制带来的纯效率改善。由此可见，技术效率的变化是在微观层面产生的，是由单个生产单元自身决定的。

技术进步则是生产可能性前沿面移动，是对集合内所有生产单元的共同影响，决定政府科技投入技术进步的是全体生产单元的集合所处创新环境变化，包括政策、制度、技术手段等。这里是指所有地区都处于同样的环境中，都受到同样的制度约束，都能享受同样的政策，都能使用一样的技术创新手段等。某一个地区自身的变化并不能造成技术进步，也不会生产可能性前沿面发生变化。技术进步可以通过政策制定、制度变革、创新条件改善来实现，由此可见，技术进步是宏观层面产生的，是由生产单元的整体集合决定的。

根据模型设计，对本文中效率测度的各类效率及其分解成分进行汇总，如表5-3和表5-4所示。

表5-3 　　　　　　　　R&D政府投入效率静态分析结构表

名称	构成	含义	决定机制
技术效率（TE）	纯效率（PTE）	该地区政府投入机制、方式和结构的合理性	政府科技投入管理水平
	规模效率（SE）	该地区政府投入处于最优规模的程度	政府科技投入规模

表5-4 　　　　　　　　R&D政府投入效率动态分析结构表

名称	构成		含义	决定机制	影响层面
全要素生产率（TFP）	技术效率变化（TEC）	纯效率变化率（PTEC）	该地区政府科技投入机制、方式和结构的变化引起效率变化	通过学习位于或更接近于生产可能性前沿面上生产单元的经验，提高管理和专业化水平，调整投入规模	技术效率的变化是在微观层面产生的，是由单个地区决定的，生产可能性前沿面并未移动
		规模效率变化率（SEC）	靠近或偏离最优规模，导致政府科技投入效率的变化		
	技术进步率（TC）		所有地区处的环境变化带来的效率变化，环境包括：同样的制度约束、同样的政策、可使用的技术创新手段等	决定政府科技投入技术进步的是全体生产单元的集合对所处的创新环境变化，包括政策、制度、技术手段等，可以通过全国范围内的政策制定、制度变革、创新条件改善来实现	技术进步是宏观层面产生的，是由国家层面决定的，生产可能性前沿面移动

5.3 政府科技投入效率测度结果

对指标数据进行相关处理，利用前文建立的模型对处理后数据进行测算，构建政府科技投入最佳前沿面，利用距离函数获得政府科技投入效率的静态、动态测度以及分解情况，并对影响政府科技投入效率的因素进行实证分析。

5.3.1 效率测度结果描述

5.3.1.1 静态测度结果

本文将单独以专利和新产品作为产出的效率分别界定为中间产出效率和终端产出效率，两者作为共同产出的效率界定为综合产出效率，本文中的效率是指综合产出效率。

通过测度 R&D 政府投入效率，将 2013 年各地区政府科技投入综合效率在地图中进行刻画。从图 5 - 2 观察 2013 年政府科技投入效率静态情况，总体上，各地区相对效率差异较大。东部大部分地区效率较高，如北京、广东、上海、浙江、天津、湖南、海南等，技术效率测度均达到 1，中西部地区仅湖南表现出高效率，青海、内蒙古等地效率相对较低，其中青海为 0.409，内蒙古为 0.312，这表明科技投入的效率与地区的经济发展水平和市场环境等因素有一定相关性。

表 5 - 5　政府科技投入效率静态分解表（2013 年）

	综合				新产品为导向				专利为导向			
	TE	PTE	SE		TE	PTE	SE		TE	PTE	SE	
安徽	0.884	0.895	0.987	drs	0.663	0.665	0.997	irs	0.810	0.866	0.935	drs
北京	1.000	1.000	1.000	—	0.273	0.275	0.994	irs	1.000	1.000	1.000	—
福建	0.654	0.699	0.936	irs	0.590	0.643	0.917	irs	0.654	0.699	0.936	irs
甘肃	0.568	0.580	0.979	irs	0.445	0.486	0.916	irs	0.548	0.549	0.999	irs
广东	1.000	1.000	1.000	—	0.858	0.996	0.861	drs	1.000	1.000	1.000	—

续表

	综合				新产品为导向				专利为导向			
	TE	PTE	SE		TE	PTE	SE		TE	PTE	SE	
广西	1.000	1.000	1.000	—	0.791	0.807	0.980	irs	0.955	0.996	0.959	drs
贵州	1.000	1.000	1.000	—	0.409	0.456	0.898	irs	1.000	1.000	1.000	—
海南	1.000	1.000	1.000	—	0.420	0.579	0.725	irs	1.000	1.000	1.000	—
河北	0.609	0.614	0.992	irs	0.593	0.604	0.982	irs	0.526	0.527	0.999	irs
河南	0.627	0.635	0.989	irs	0.627	0.635	0.989	irs	0.504	0.505	0.999	—
黑龙江	0.628	0.629	0.999	irs	0.167	0.184	0.910	irs	0.628	0.629	0.999	irs
湖北	0.711	0.713	0.997	irs	0.630	0.632	0.998	irs	0.677	0.677	1.000	—
湖南	1.000	1.000	1.000	—	1.000	1.000	1.000	—	0.825	0.825	1.000	—
吉林	0.541	0.568	0.951	drs	0.264	0.286	0.926	irs	0.529	0.567	0.933	drs
江苏	0.935	1.000	0.935	drs	0.833	1.000	0.833	drs	0.920	0.920	1.000	—
江西	0.698	0.717	0.973	irs	0.698	0.717	0.973	irs	0.465	0.466	0.997	irs
辽宁	0.826	0.830	0.996	irs	0.776	0.779	0.996	irs	0.692	0.692	1.000	—
内蒙古	0.312	0.361	0.866	irs	0.312	0.361	0.866	irs	0.256	0.273	0.938	irs
宁夏	0.662	0.794	0.833	irs	0.613	0.794	0.772	irs	0.583	0.660	0.883	irs
青海	0.409	0.539	0.759	irs	0.047	0.473	0.100	irs	0.409	0.539	0.759	irs
山东	0.977	1.000	0.977	drs	0.977	1.000	0.977	drs	0.805	0.805	1.000	—
山西	0.635	0.637	0.998	irs	0.378	0.398	0.950	irs	0.635	0.637	0.998	irs
陕西	0.654	0.667	0.980	drs	0.195	0.206	0.951	irs	0.654	0.667	0.980	drs
上海	1.000	1.000	1.000	—	0.835	0.867	0.962	drs	1.000	1.000	1.000	—
四川	0.762	0.765	0.996	drs	0.406	0.412	0.986	irs	0.762	0.765	0.997	drs
天津	1.000	1.000	1.000	—	1.000	1.000	1.000	—	0.600	0.600	0.999	—
西藏	—	—	—	—	0.050	1.000	0.050	irs	—	—	—	—
新疆	0.696	0.700	0.995	irs	0.403	0.472	0.855	ir	0.696	0.697	0.999	irs

	综合				新产品为导向				专利为导向			
	TE	PTE	SE		TE	PTE	SE		TE	PTE	SE	
云南	0.868	0.869	0.998	irs	0.280	0.318	0.882	irs	0.868	0.869	0.998	irs
浙江	1.000	1.000	1.000	—	1.000	1.000	1.000	—	1.000	1.000	1.000	—
重庆	0.995	1.000	0.995	irs	0.926	0.938	0.987	irs	0.899	0.900	0.999	irs

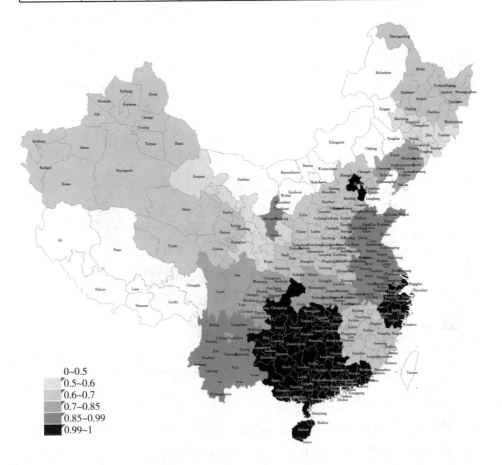

图 5-2 政府科技投入效率区域分布图（2013 年）

观察 2013 年各地区效率测度情况，分别以专利和新产品作为产出测度政府科技投入的中间产出效率和终端产出效率。综合效率包含了中间产出效率和终端产出效率，综合产率高的地区其高效率可能源自中间产出，也可能源自终端产出。2013 年，北京、海南、上海、广东和浙江在中间产出呈现高效率，湖南、江苏和浙江三省在终端产出呈现出高效率。仅浙江省在中间产出和终端产出都体现出高效率。

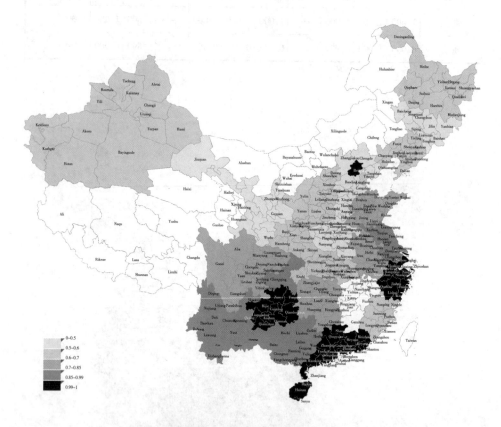

图 5 - 3　专利导向政府科技投入效率区域分布图（2013 年）

对比图 5 - 3 与图 5 - 4 可以发现两个现象，整体上看，大部分地区（21个省份）政府科技投入的中间产出效率高于终端产出效率，与肖文和林高榜（2014）的研究结论具有一致性。在高校和科研机构分布集中的地区，如北京和陕西等地中间产出效率较高，终端产出效率较低。同时，部分地区（10 个省份）存在相反的情况，在第二产业基础较好的地区这一特点更为明显，如天津，终端产出效率较高，但中间产出效率偏低。

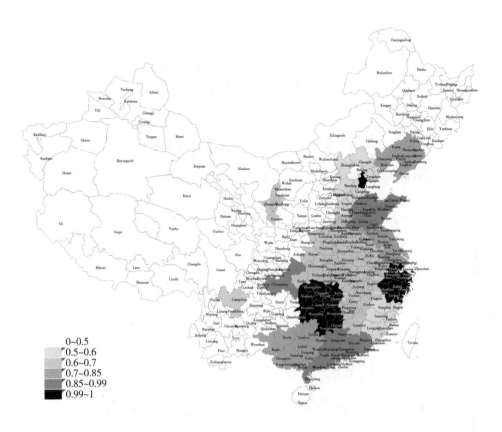

图 5-4　新产品导向政府科技投入效率区域分布图（2013 年）

5.3.1.2　动态变化结果

　　根据效率动态测度结果，虽然各地区效率变动存在一定差异，但与 2009 年相比，整体上 2013 年效率曲线和效率差异①曲线向上有所移动，区域效率差异明显缩小，原来效率偏低的地区呈现出追赶趋势，比如江西地区 2009—2013 年 TFP 达到 1.329，新疆达到 1.335，TFP 大于 1，说明该地区是追赶高效率地区；江西和新疆在 2013 年技术效率分别达到 0.698 和 0.696，而 2009 年分别仅为 0.319 和 0.298，排名分别提升 10 位和 11 位，如图 5-5 所示。

---

　　① 效率差异是指各地区效率测度结果 TE 与效率最高值 1 的差值。

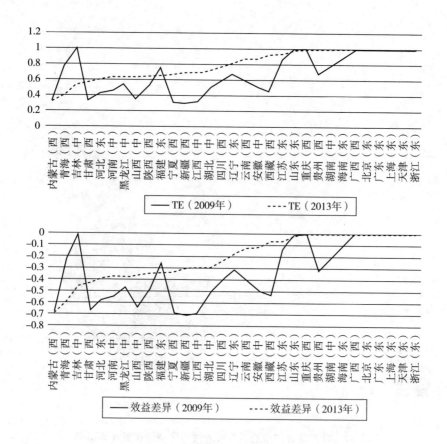

图5－5 2009年与2013年政府科技投入效率对比图

5.3.1.3 政府科技投入产出类型

根据科技创新主体、产出情况的不同，可以对政府科技投入产出类型进行分析，研发机构、高校和企业是科技创新活动的主要承担者，各地区政府科技投入中研发机构、高校和企业所占的比重，以及各主体的产出占地区科技创新总产出的比重存在差异。因此，本文根据科技创新主体的作用大小，结合前文对投入规模、投入结构以及产出类型对各地区进行分类，并分析相应的效率特征。

根据2014年《中国科技统计年鉴》，中国政府科技资金在研发机构、高校和企业之间的分配比例为62.1%、22.8%和15.2%，整体上政府科技资金更多地投向研发机构和高校，投向企业的较少，如图5-6所示。

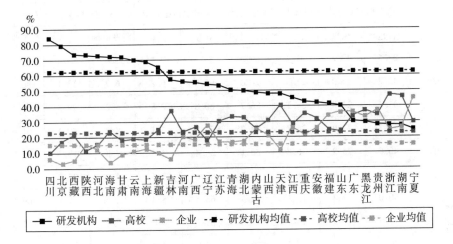

图5-6 各地区政府科技资金在科技创新主体间的分布

政府资金在研发机构和高校的研发资金中所占的比重普遍超过一半，但各地区存在差异，同时专利有效数在各科技创新主体中的分布也存在差异，具体如表5-6所示。

表5-6 政府科技投入和专利产出在科技创新主体中的分布（2013年）

	政府研发资金分布（%）			研发资金中政府资金占比（%）			专利有效数分布（%）		
	研发机构	高校	企业	研发机构	高校	企业	研发机构	高校	企业
全国	62.1	22.8	15.2	83.5	60.7	4.4	9.8	26.8	63.4
北京	79.2	17.5	3.4	86.2	67.9	9.0	27.9	43.9	28.2
天津	47.7	40.3	12.1	86.4	52.5	2.5	6.3	29.5	64.2
河北	72.6	15.0	12.4	92.5	57.2	3.1	10.5	27.0	62.6
山西	48.2	30.3	21.4	73.5	60.3	3.5	18.6	25.1	56.3
内蒙古	48.7	26.1	25.2	80.3	78.7	3.1	11.7	17.6	70.8
辽宁	54.1	18.0	27.9	88.8	42.3	8.4	19.3	37.0	43.6
吉林	57.1	36.9	6.0	88.2	68.4	3.8	33.5	24.2	42.3
黑龙江	29.7	36.7	33.6	90.9	64.2	20.2	5.0	68.5	26.5
上海	68.7	18.6	12.7	81.5	64.7	7.4	13.1	34.4	52.5
江苏	52.9	30.1	17.0	74.6	53.4	2.0	3.0	27.3	69.7

续表

	政府研发资金分布（%）			研发资金中政府资金占比（%）			专利有效数分布（%）		
	研发机构	高校	企业	研发机构	高校	企业	研发机构	高校	企业
浙江	27.5	47.2	25.4	69.8	58.5	2.4	3.4	31.4	65.2
安徽	42.2	32.0	25.8	78.0	66.0	6.2	6.7	13.1	80.1
福建	41.1	24.8	34.1	86.7	60.8	2.8	4.2	29.3	66.5
江西	45.3	27.9	26.7	88.7	57.8	5.1	8.2	30.1	61.6
山东	40.0	23.2	36.8	86.1	64.4	3.3	7.8	17.3	75.0
河南	55.9	23.0	21.1	68.5	62.6	3.5	9.1	22.7	68.2
湖北	50.0	32.8	17.3	80.5	63.5	5.3	12.6	37.8	49.6
湖南	27.3	46.3	26.4	47.0	65.2	4.0	2.0	24.2	73.8
广东	30.0	34.0	35.9	70.2	70.7	3.0	3.4	6.2	90.5
广西	55.1	26.3	18.5	71.7	63.4	4.8	5.7	31.8	62.5
海南	72.0	23.9	4.1	72.3	81.7	2.3	24.8	9.2	66.0
重庆	42.9	35.4	21.7	51.2	45.0	4.1	4.7	38.0	57.4
四川	83.6	9.8	6.6	91.5	42.6	7.8	14.2	32.6	53.2
贵州	28.0	34.9	37.1	54.9	72.9	9.9	9.3	16.8	73.9
云南	69.7	19.1	11.1	77.1	57.1	5.7	16.1	31.0	52.9
西藏	73.7	21.3	5.0	100.0	89.7	10.3	11.3	0.0	88.8
陕西	73.2	11.6	15.2	91.6	62.5	20.4	11.2	49.9	38.9
甘肃	71.6	18.8	9.6	84.7	55.3	5.9	37.4	27.4	35.3
青海	50.5	33.0	16.5	77.7	87.5	4.8	59.3	4.5	36.2
宁夏	25.0	29.7	45.4	95.0	83.0	10.4	8.7	19.0	72.3
新疆	64.9	25.0	10.1	85.7	85.6	3.4	37.6	23.3	39.2

资料来源：《中国科技统计年鉴（2014）》。

根据此标准观察中国各地区的情况，可将各地区分为研发机构型、研发机构＋高校型、高校型、高校＋企业型、企业型五种，其中研发机构型和高校＋企业型的地区较多，其他类型的较少，而研发机构＋企业型的没有，如表5－7所示。

表 5 - 7　　　　　　　　　政府科技投入类型表

政府科技投入类型	区域
研发机构型	四川、北京、西藏、河北、甘肃、云南、上海、陕西
研发机构 + 高校型	海南
高校型	天津、吉林、新疆
高校 + 企业型	浙江、湖南、黑龙江、重庆、贵州、广东、青海、湖北、安徽、山西、江苏、宁夏、江西、广西、内蒙古、福建、山东、河南
企业型	辽宁

这五类投入类型说明各地区政府科技投入的重点有所不同，对照效率测度的结果发现，各种模式间政府科技投入效率并不存在明显的差异。总体来看，单一投入类型的地区其政府科技投入效率偏低，比如研发机构型的地区2013 年平均效率约为 0.78，而高校型的地区平均效率低至 0.74，高校 + 企业型的地区平均效率相对高一些。这从侧面说明政府在科技投入时要注意适合本地区所属的类型，发挥高校、研发机构和企业的协同作用。

5.3.2　效率测度结果的结构分解

通过 DEA 模型和 Malmquist 指数对效率的静态测度结果和动态变化进行分解，获得影响效率及其变化的内在成分，以此来分析地区间效率差异。

（1）造成效率差异的成分。政府科技投入的效率差异源自纯效率和规模效率，根据效率分解情况，观察地区间政府科技投入效率差异，政府科技投入效率成分中的规模效率对效率差异产生了影响，但主要表现在西部地区，东部和中部地区规模效率的差异较小，大部分地区间规模效率的差异远小于纯效率的差异，说明地区间政府科技投入效率的差异主要源自纯效率，而非规模效率，如图 5 - 7 所示。

（2）规模效率的状态。因规模因素引起政府科技投入效率不足的地区，其规模效率所处的状态也存在差异，根据效率的分解结果可将这些地区分为两类，一类处于规模效率上升期，因投入规模不足导致无效，这类地区多分布于西部，这些地区多是政府科技投入低、专利和新产品产出低的地区；另

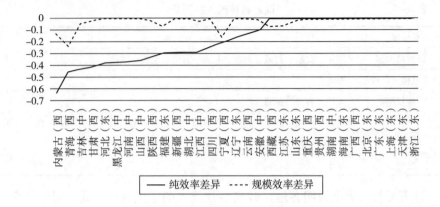

图 5 - 7　政府科技投入技术效率分解地域分布图（2013 年）

一类处于规模效率下降期，投入规模过量导致无效，这类地区多位于中部。

通过观察发现，以新产品为导向的终端产出效率中规模效率上升的省份有 24 个，以专利为导向的中间产出效率中规模效率上升的省份有 13 个，而中间产出效率中规模呈现高效率的省份高达 13 个，规模效率下降的省份有 5 个。

表 5 - 8　　　　政府科技投入规模效率及规模状态表（2013 年）

	综合		新产品		专利	
	SE	状态	SE	状态	SE	状态
安徽	0.987	drs	0.997	irs	0.935	drs
北京	1.000	—	0.994	irs	1.000	—
福建	0.936	irs	0.917	irs	0.936	irs
甘肃	0.979	irs	0.916	irs	0.999	irs
广东	1.000	—	0.861	drs	1.000	—
广西	1.000	—	0.980	irs	0.959	drs
贵州	1.000	—	0.898	irs	1.000	—
海南	1.000	—	0.725	irs	1.000	—
河北	0.992	irs	0.982	irs	0.999	irs
河南	0.989	irs	0.989	irs	0.999	irs
黑龙江	0.999	irs	0.910	irs	0.999	irs
湖北	0.997	irs	0.998	irs	1.000	—

	综合		新产品		专利	
	SE	状态	SE	状态	SE	状态
湖南	1.000	—	1.000	—	1.000	—
吉林	0.951	drs	0.926	irs	0.933	drs
江苏	0.935	drs	0.833	drs	1.000	—
江西	0.973	irs	0.973	irs	0.997	irs
辽宁	0.996	irs	0.996	irs	1.000	—
内蒙古	0.866	irs	0.866	irs	0.938	irs
宁夏	0.833	irs	0.772	irs	0.883	irs
青海	0.759	irs	0.100	irs	0.759	irs
山东	0.977	drs	0.977	drs	1.000	—
山西	0.998	irs	0.950	irs	0.998	irs
陕西	0.980	drs	0.951	irs	0.980	drs
上海	1.000	—	0.962	drs	1.000	—
四川	0.996	drs	0.986	irs	0.997	drs
天津	1.000	—	1.000	—	0.999	—
西藏	0.930	irs	0.050	irs	0.930	irs
新疆	0.995	irs	0.855	irs	0.999	irs
云南	0.998	irs	0.882	irs	0.998	irs
浙江	1.000	—	1.000	—	1.000	—
重庆	0.995	irs	0.987	irs	0.999	irs

（3）效率动态变化的结构因素。仅根据区域间效率的差距变化还不能全面了解效率动态变化的原因，需结合 Malmquist 指数，通过全要素生产率（TFP）的测算和分解，来分析2009—2013 年各区域政府科技投入效率自身的变化，本文将效率变化分解为纯效率变化、规模效率变化和技术进步，如表5-9 所示。通过 TFP 的测度发现，虽然区域间政府科技投入效率差异在缩小（见图5-5），但整体上政府科技投入效率并未显著上升。这期间政府科技投入所带来的产出增长主要由投入增长产生，即具有明显的粗放型增长特征。

表 5 – 9   中国各地区政府科技投入效率动态变化分解表（2009—2013 年）

地区	TEC	TC	PTEC	SEC	TFP	地区	TEC	TC	PTEC	ESC	TFP
安徽	1.197	0.941	1.196	1.001	1.126	辽宁	1.065	1.038	1.065	1.000	1.106
北京	1.000	1.152	1.000	1.000	1.152	内蒙古	0.986	1.039	0.978	1.008	1.025
福建	0.958	1.087	0.969	0.989	1.041	宁夏	1.278	0.940	1.111	1.150	1.202
甘肃	1.199	1.025	1.161	1.033	1.229	青海	0.813	0.856	0.814	1.000	0.696
广东	1.000	0.932	1.000	1.000	0.932	山东	0.992	1.016	1.000	0.992	1.008
广西	1.002	0.837	1.000	1.002	0.839	山西	1.215	0.982	1.188	1.023	1.193
贵州	1.136	0.963	1.114	1.020	1.094	陕西	1.094	1.114	1.097	0.998	1.218
海南	1.037	1.036	1.000	1.037	1.074	上海	1.000	1.063	1.000	1.000	1.063
河北	1.127	1.026	1.119	1.007	1.157	四川	1.085	1.012	1.083	1.001	1.098
河南	1.114	1.002	1.112	1.001	1.116	天津	1.000	0.977	1.000	1.000	0.977
黑龙江	1.052	1.023	1.047	1.005	1.076	西藏	1.261	0.896	1.000	1.261	1.130
湖北	1.142	1.026	1.138	1.004	1.172	新疆	1.327	1.006	1.233	1.076	1.335
湖南	1.082	1.018	1.080	1.002	1.101	云南	1.133	1.031	1.118	1.013	1.168
吉林	0.815	0.857	0.828	0.983	0.698	浙江	1.000	1.073	1.000	1.000	1.073
江苏	1.028	0.948	1.000	1.028	0.975	重庆	0.998	0.985	1.000	0.998	0.984
江西	1.301	1.022	1.276	1.019	1.329						

注：TEC 为技术效率变化，TC 为技术进步率，PTEC 为纯效率变化率，SEC 为规率效率变化率，TEP 为全要素生产率。

根据效率动态变化分解情况发现，2009—2013 年，规模效率变化程度不明显，效率的追赶主要体现在纯效率方面，如图 5 – 8 所示，代表纯效率变化的 PTE 曲线大部分位于水平线 1 的上方，说明大部分地区的纯效率有所提升。

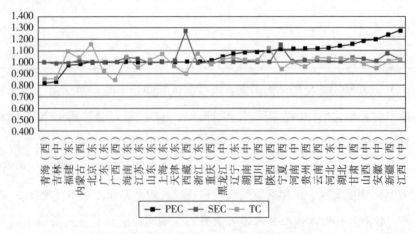

图 5 – 8   效率动态变化图（2009—2013 年）

表 5 – 10　　　　　　　　　　　分年度效率变化表

	2009—2011 年		2011—2012 年		2012—2013 年	
	effch	techch	effch	techch	effch	techch
北京	1.000	1.551	1.000	0.943	1.000	1.046
天津	0.839	1.078	1.158	0.803	1.029	1.077
河北	1.050	1.271	1.371	0.813	0.994	1.046
山西	1.353	1.207	1.196	0.835	1.107	0.939
内蒙古	1.068	1.285	1.105	0.840	0.813	1.041
辽宁	0.982	1.333	1.086	0.855	1.132	0.982
吉林	1.000	0.736	0.917	0.882	0.589	0.968
黑龙江	1.037	1.365	0.899	0.919	1.249	0.854
上海	1.000	1.366	1.000	0.890	1.000	0.987
江苏	1.163	0.879	1.000	0.930	0.935	1.043
浙江	1.000	1.152	1.000	0.939	1.000	1.141
安徽	1.552	0.916	1.109	0.901	0.997	1.009
福建	1.199	1.101	0.915	1.014	0.802	1.149
江西	1.240	1.293	1.643	0.776	1.081	1.063
山东	0.929	1.101	1.076	0.911	0.977	1.045
河南	1.082	1.168	1.090	0.816	1.172	1.055
湖北	1.162	1.249	1.158	0.851	1.108	1.016
湖南	1.182	0.967	1.071	1.004	1.000	1.087
广东	1.000	0.997	1.000	0.810	1.000	1.002
广西	0.967	0.682	0.906	0.864	1.147	0.996
海南	1.116	1.439	1.000	0.937	1.000	0.823
重庆	1.000	1.276	1.000	0.781	0.995	0.959
四川	1.167	1.217	0.948	0.908	1.155	0.939
贵州	1.036	1.180	1.128	0.852	1.253	0.888
云南	1.236	1.401	0.958	0.933	1.228	0.840
西藏	2.157	1.007	0.796	0.826	1.168	0.865
陕西	1.257	1.501	0.980	0.935	1.063	0.984
甘肃	1.522	1.243	1.153	0.876	0.983	0.988
青海	0.515	0.868	0.784	0.873	1.334	0.827
宁夏	1.265	0.875	1.294	0.905	1.275	1.050
新疆	1.525	1.274	1.258	0.883	1.217	0.906

规模效率变化率（SEC）围绕水平线 1 波动，不存在明显趋势，而技术进步率（TEC）近一半位于水平线 1 的下方。由此说明，2009—2013 年，约一半地区政府科技投入的技术水平有所降低。

纯效率的变化对提升政府科技投入效率有正向贡献，这是由于政府科技资金管理更为规范，绩效管理工作逐步开展，政府科技投入范围更为明晰，企业逐步成为科技创新主体，政府投入带动效应加强。

2009—2011 年，随着资金管理水平的优化、创新体系的完善，20 个省份技术效率改善，23 个省份出现技术进步，使 26 个省份政府科技投入效率得到提升。2011—2012 年，仅 2 个省份出现技术进步，15 个省份技术效率改善，最终仅 6 个省份出现政府科技投入效率提升，2012—2013 年出现技术进步的省份也不到一半。技术效率变化的正向贡献被技术进步率的负向影响所抵消，并使部分地区政府科技投入效率下降。根据前文分析，技术进步率往往取决于环境，由于这期间的条件改善只能带来正向效应，因此负向影响的产生主要源自环境。目前影响研发资源配置方式的制度和政策无法适应科技创新的需要，比如政府过多直接介入科研项目和资源配置，宏观管理职能缺失，扭曲了科技创新资源配置。

5.3.3 影响效率的因素检验

本文利用 Tobit 回归对 DEA 模型效率测度结果进行回归分析，在影响政府科技投入效率的因素选取中，本文在借鉴现有研究的基础上（李习保，2007；白俊红等，2009；苗慧，2013），结合《世界竞争力年度报告》和《国家创新指数报告》，选取 6 个指标作为解释变量。借助固定效应 OLS 估计对超效率模型的测度结果进行回归分析①，虽然存在方程系数差异，但影响因素的作用方向表现出较好的一致性。

---

① 超效率模型与 DEA 模型效率测度结果具有一致性，超效率模型可以解决多个有效测度单元的排序问题，但在进行效率分解中表现较差，因此本文仅在影响因素的回归分析中，将其结果作为一种相互验证的方法使用。

表 5 – 11　　　　　　　　政府科技投入效率影响因素表

变量	影响因素	指标选择	影响
IRD	研发投入强度	R&D 经费投入强度	+ *
RGF	政府资金投入占比	R&D 内部支出中政府资金的占比	– **
SCL	中央地方支出责任划分	各地区地方财政科学技术支出与 R&D 内部支出中政府资金的比值	– ***
LE	经济发展水平	人均地区生产总值	+ **
SRL	科研资源禀赋水平	各地区研发人员的 R&D 经费投入的人均占有量	+ **
TM	科技创新市场环境	各地区技术市场成交合同金额与 R&D 内部支出的比值	+ ***

注：（1）"＋""－"分别表示影响方向；（2）"＊＊＊""＊＊""＊"分别代表 1%、5% 和 10% 水平显著。

（1）政府资金投入占比与政府科技投入效率负相关。RGF 为负，说明政府资金投入占比越高，政府科技投入效率越低。

（2）研发投入强度、科研资源禀赋水平与政府科技投入效率正相关。IRD、SRL 为正，说明目前中国整体的研发投入和科研人员人均资源禀赋有提升空间，在此过程中，有利于政府科技投入效率的提高。

（3）经济发展水平与政府科技投入效率正相关，且显著。LE 为正，说明经济发展水平高的地区其政府科技投入效率偏高。值得注意的是，在将全部地区纳入回归模型进行分析时，结果并不显著，原因在于某些资源型地区的经济发展水平指标异常，排除这些异常点后结果为显著。

（4）科技创新市场环境与政府科技投入效率正相关，且显著。TM 为正，意味着科技市场交易越活跃越有利于政府科技投入效率的提升，科技市场越发达和完善，创新主体沟通越紧密，科技资源配置越有效。

（5）中央地方支出责任划分与政府科技投入效率显著负相关。SCL 为负，说明现阶段政府科技投入中，中央政府投入比重越高，越有利于政府科技投入效率的提升。这并非意味着中央政府科技投入效率高于地方，而是在财政分权以后，中央和地方对科技投入重点不同，中央投入多集中于基础研究等外溢性较强的领域和环节，地方投入则侧重产业化，前者的成果多地体现为专利等中间产出，后者更多地体现为新产品，尤其是企业存在因技术保密而放弃专利申请的倾向。

5.4　本章小结

本章对中国各地区的政府科技投入效率以及变化情况进行了实证分析，包括效率测度和因素分析两方面，为便于对测度结果进行理解，在本章中对政府科技投入效率的各构成部分进行了详细的内涵说明。

（1）效率测度结果的内涵说明

政府科技投入效率的静态测度结果用技术效率（TE）表示，其由纯效率和规模效率构成，纯效率表示该地区政府投入机制、方式和结构的合理性，规模效率表示该地区政府投入处于最优规模的程度。从时间的维度看，效率会发生变化，即效率是动态的，效率的动态变换，一方面来自技术效率的变化，包含纯效率和规模效率的变化，另一方面来自技术进步。技术效率是微观层面的，其变化源自该地区通过学习位于或更接近于生产可能性前沿面上地区的经验，提高管理和专业化水平，调整投入规模。技术进步是宏观层面的，其变化源自全国各地区所处的创新环境变化，可以通过全国范围内的政策制定、制度变革、创新条件改善来实现。

（2）效率测度的直观结果

政府科技投入效率呈阶梯式分布，东部地区高于中西部地区。从政府科技投入效率的静态测度结果看，2013年，各地区综合效率差异较大。东部大部分地区效率较高，如北京、广东、上海、浙江、天津等，中西部地区仅湖南表现出高效率，青海、内蒙古等地效率相对较低。

大部分地区中间产出效率高于终端产出效率，科技成果转化效率有待提高。整体上看，大部分地区（21个省份）政府科技投入的中间产出效率高于终端产出效率。在高校和科研机构分布集中的地区，如北京和陕西等地中间产出效率较高，终端产出效率较低。同时，部分地区（10个省份）存在相反的情况，在第二产业基础较好的地区这一特点更为明显，如天津，终端产出效率较高，但中间产出效率偏低。根据效率动态测度结果，与 2009 年相比，整体上 2013 年区域效率差异明显缩小，原来效率偏低的地区呈现出追赶趋势。

（3）造成效率差异的成分

政府科技投入的效率差异源自纯效率和规模效率，主要源自纯效率，而非规模效率。政府科技投入效率成分中的规模效率对效率差异产生了影响，但主要表现在西部地区，东部和中部地区规模效率的差异较小，大部分地区间规模效率的差异远小于纯效率的差异。因规模因素引起政府科技投入效率不足的地区，其规模效率所处的状态也存在差异，根据效率的分解结果可将这些地区分为两类，一类处于规模效率上升期，因投入规模不足导致无效，这类地区多分布于西部，这些地区多是政府科技投入低、专利和新产品产出低的地区；另一类处于规模效率下降期，投入规模过量导致无效，这类地区多位于中部。大部分地区（24 个省份）以新产品为导向的终端产出效率中规模效率上升，中间产出效率中规模效率上升的省份有 13 个。

（4）效率动态变化的来源

虽然区域间政府科技投入效率在缩小，但整体上政府科技投入效率并未上升。这期间政府科技投入所带来的产出增长主要是由投入增长产生，即具有明显的粗放型增长特征。

西部地区效率不足的原因在于资金管理水平和规模两个方面，而部分中东部地区效率不足的原因在于资金管理水平。根据效率动态变化分解情况发现，2009—2013 年，规模效率变化程度不明显，效率的追赶主要体现在纯效率方面，代表纯效率变化的 PTE 大于 1，说明大部分地区的纯效率有所提升。规模效率变化率（SEC）围绕水平线 1 波动，不存在明显趋势，而技术进步率（TEC）大部分位于水平线 1 的下方。由此说明，2009—2013 年，大部分地区政府科技投入的技术水平有所降低。

政府科技投入效率提升受到资源配置机制的阻碍。纯效率的变化对提升政府科技投入效率有正向贡献，这是由于政府科技资金管理更为规范，绩效管理工作逐步开展，政府科技投入范围更为明晰，企业逐步成为创新主体，政府投入带动效应加强。技术效率变化的正向贡献被技术进步率的负向影响所抵消，并使政府科技投入效率下降。技术进步往往取决于环境，目前影响研发资源配置方式的制度和政策无法适应科技创新的需要，比如政府过多直接介入科研项目和资源配置，宏观管理职能缺失，扭曲了科技创新资源配置。

政府科技投入效率影响因素分析表明：研发投入强度、科研资源禀赋、科技创新市场环境和经济发展水平与政府科技投入效率正相关，政府科技投入占比与效率负相关。根据实证结果，发现：一方面要改革科技投入机制，提高政府科技投入效率。而且实证结果表明，现有的资源配置机制成为效率提升的重要阻碍，因此需要通过科技体制改革优化政府科技投入机制，提高效率。另一方面要改变区域"平均"分配政府科技资金的观念，因地制宜，分类引导。科技创新在公平与效率之间更偏向于效率，从政府科技投入的区域布局看，不必强调区域间的均等化，但追求效率并不意味着中西部地区不进行科技投入，应根据区域特点和特有资源条件，加大符合中西部特殊区情的研发投入，同时针对科技创新成果的较强外溢性特点，注重引导东部地区的创新成果向中西部地区辐射。

6

影响政府科技投入效率的因素

影响政府科技投入效率的因素是多方面的，经济、制度、文化等方面的因素都会对政府科技投入效率产生影响。结合第 5 章实证分析的结果以及中国科技体制的现状发现，科技体制是阻碍政府科技投入效率提升的关键。资源配置机制、政府层级间和部门间的关系是科技体制中的主要内容，在科技体制下高校、研发机构和企业具有各自的行为目标函数，目前政府与市场、中央与地方未形成有效的分工与合作，造成政府科技投入资源浪费，制约效率提升。为此，必须分析中国科技体制中存在的问题以及产生这些问题的原因，为下一步提出政府科技投入效率提升途径奠定基础。

6.1 政府科技投入效率影响因素的综合分析

经济发展水平、央地关系、科技市场环境等因素共同构成了影响政府科技投入效率的集合，同时，在众多因素中科技体制的问题是影响因素的核心，第 5 章实证的结果可以支撑这一判断。综合因素包含了经济、制度和文化等方面的内容，而体制因素的主要内容是政府和市场的关系、中央与地方的关系。

6.1.1 影响效率的综合因素说明

经济因素、制度因素和文化因素共同构成影响政府科技投入效率的因素集合。

6.1.1.1 经济因素

科技创新需要资本投入，政府科技投入是其中的一部分，对私人资本科技投入有带动作用。随着经济的发展，企业在全社会科技投入中的比重越来越高，2013 年政府资金占 R&D 经费内部支出的比重仅仅为 21.1%，同期企业资金占 74.6%，而且政府资金的比重呈下降趋势，这并非因为政府科技投入的规模降低了，而是全社会科技投入增速高于政府科技投入，从侧面也反映了政府科技投入调动全社会科技投入的能力在增加。因此，政府科技投入效率的高低取决于其带动社会投资的能力。

经济发展水平影响科技创新资金的供应，进而影响政府科技投入效率。地区经济规模决定了政府科技投入可调动社会投资的规模，经济发展模式决定了企业对科技的需求，以及企业投入科技创新的意愿。

科技创新从要素投入到实现价值，整个过程需要大量的投入，随着现代科技创新日益复杂化，领域之间的交叉和渗透更为深入，所需资金投入规模更大。地区经济的落后影响政府科技投入的带动能力，在粗放型经济发展模式下，企业缺乏将科技创新成果转化为生产力的能力，企业进行科技创新投入的积极性也受到制约，造成恶性循环的局面。即使政府科技投入产生一定的成果，如果缺乏产业支撑，依然会影响创新驱动战略的实施，区域经济无法从科技创新中获得发展驱动力。

从中国各地区经济发展和科技投入的实践中可以发现，经济发达的区域，政府科技资金可以得到保障，企业进行研发投入具有积极性，研发经费投入强度高，如江苏、上海等地。反之，经济发展落后的地区，即使国家的科技创新政策能够有效落实，也缺少企业参与。

6.1.1.2 制度因素

制度因素包括政府与市场的关系、中央与地方的关系，这些关系需通过法律法规确定。

政府与市场。政府机制和市场机制是科技资源配置的两种机制，在科技创新中发挥相应的作用。改革开放前，中国在科技创新领域采用计划体制，通过政府计划的方式开展科技创新活动，分配科技创新资源。随着改革开放，科技体制进行改革，中国初步建立了适应市场经济的科技体制，形成了科研机构、高校、企业和服务机构相结合的创新体系。政府一方面通过政策的制定来影响科技创新活动，另一方面直接分配创新资源。由于科技创新本身具有高风险性和高外溢性，因此需要政府提供相应的公共产品，另外科技创新最终要在市场中实现价值，就需要借助市场机制的高效配置作用。政府与市场边界划分合理与否不仅直接影响政府科技投入效率，也关系全社会科技创新的效果。

中央与地方。中央和地方在科技创新中的责任划分影响政府科技投入效率。各地区政府科技投入中不仅有中央财政资金也包括地方财政资金，而中央政府和地方政府在科技创新中的职能定位和目标不同，因此不能仅通过地域范围来区分中央和地方的职能范围。中央和地方责任划分不清，或者是责任划分不合理都将影响政府科技投入的积极性，损耗投入效率。

法律法规。法律法规是科技创新制度的显性规定，也是政府科技投入的法律保障和行为准则。如果缺乏对知识产权的法律保护，那么"搭便车"行为便会普遍存在，所有人都将等待其他人投入科技创新，然后通过复制和抄袭来获得创新成果，最终科技创新的积极性将会受损，政府科技投入的效率也就无从谈起；如果缺乏对政府行为的约束，那么政府在进行科技投入的过程中就会出现随意性，以部门利益和个人利益为主导进行投资决策。因此，法律法规的完善程度直接影响政府科技投入效率。

6.1.1.3 文化因素

文化因素包括社会对科技创新的认识以及政府决策者对科技创新的认识。

文化因素与经济因素、制度因素密切联系，文化因素既受到经济因素和制度因素的影响，又会反过来影响经济因素和制度因素。

从社会层面看，中国近代造成科技创新能力不足的原因与"重道轻术"，以及科技创新仅仅解决生产生活问题的观念密切相关。传统文化中缺乏科技精神，即使经历了近代启蒙，这种传统观念并没有消失。在改革开放后，政府加强了对科技创新的重视，强调"创新驱动"，但经济发展中依靠资源、环境和人口红利带来的粗放型经济发展使人们忽略了科技创新的作用。直到资源环境的瓶颈凸显，经济增长方式受到要素制约，社会才重新重视科技创新的作用。

此外，政府决策者往往追求财政投入效益最大化，而科技创新的投入往往周期长，风险性大，在此观念的驱动下，城市基础设施建设等领域更具吸引力。同时在投入方式的选择上，由于决策者往往希望看到投入的显性化，因此更多政府科技投入以项目的形式进行，而创新环境营造、创新条件建设方面因为投入效果不易显现而缺乏资金投入。

社会对科技创新的观念影响政府科技投入的带动效果，政府决策者的观念则影响政府科技资金的投入规模和投入方式，观念决定行为，观念的偏差将影响政府科技投入效率。

6.1.2 体制因素是影响政府科技投入效率的关键

科技体制是科技创新的制度环境，是组织机构体系和管理制度的组合，包含科技规划、资源配置、科技成果交易、科研机构管理、知识产权保护、科技成果评估等方面的内容。科技体制改革是"全面深化改革"的一部分，写入了"加快完善现代市场体系"这一部分中，由此可见科技体制改革的重要性，科技体制改革与市场体制改革息息相关。

为解决科技体制与科技创新活动的错配问题，往往政府要扮演科技体制改革推动者的角色。在科技体制改革中，政府与市场的关系、中央与地方的关系是改革中绕不开的核心内容，而且这两项内容根植于国家社会制度中，与经济体制、政治体制、文化体制、社会体制的改革密切联系。政府与市场的关系涉及行政机制和市场机制对资源进行配置的边界，直接关系投入的方向、环节以及方式是由行政机制来决定还是由市场机制来决定。政府与市场边界模糊，会导致政府选择性地投入和管理，形成政府在科技领域"越位"与"缺位"并存，使投入与科技创新需求、经济发展需求相脱节。

中央和地方的关系决定了各层级政府间的职责，不管是权力下放型还是分权型的政府间关系，最终都要划分央地事权和支出责任。中央和地方进行分权制后，地方政府拥有更多的资源和决策权，地方已超过中央成为政府科技投入的主力，科技体制改革中更需要重视调动地方的积极性。尤其是在中国政治上集权，财政上分权的条件下，中央和地方的关系处理需要顾及中央政府对地方政府的影响力，以及地方政府在地方需求和中央要求间的平衡。提高政府科技投入效率需要合理界定央地关系，调动中央和地方两个积极性，实现激励相容。政府科技投入来源于中央和地方两个层面，科技政策的实施也需要中央和地方政府来落实，政策实施的效果受到科技体制瓶颈的制约。

在 2013 年中国进入全面深化改革时期后，国家科技领域的体制改革也出台了一系列措施：2014 年《关于改进加强中央财政科研项目和资金管理的若干意见》着重解决经费管理中的体制问题，一方面规范经费管理，解决支出重复、碎片化、效率低、缺乏监管等问题，另一方面按照科技创新规律，调整原有的经费预算，取消仅按比例设置人员经费的规定；《关于深化中央财政科技计划（专项、基金等）管理改革的方案》针对分散在 40 多个中央部门的国家科技计划进行改革，将政府部门直接管理项目的微观职能剥离给专业机构，解决原有科技体制中出现的政事不分、监管缺失带来的研发人员"跑部钱进""重项目申请、轻科研"的现象；《关于开展深化中央级事业单位科技成果使用、处置和收益管理改革试点的通知》主要面向科技成果停留于纸面与实验室，无法有效转化的问题，通过下放科技成果的使用权、处置权和收益权，尝试从两个方面改善现有困境，一方面减少成果转化的审批环节，降低行政性成本，另一方面调动研发单位和人员的积极性，并设立国家科技成果转化引导基金，通过创业投资资金、贷款补偿等方式将财政资金用于推进科技成果转化；《关于加快科技服务业发展的若干意见》则针对科技服务业，通过对服务业的支持改善创新环境；《中国科学院"率先行动"计划暨全面深化改革纲要》为科研院所的改制进行了先行先试，为建立现代科研院所治理体系进行了探索。

从 2013 年后相继出台的相关政策文件可以看出国家对科技体制改革的重视，将其作为推动国家创新体系建设、实施创新驱动战略的突破口和重要手段。

每次科技体制改革都是为了解决特定时期内科技发展的障碍，改善科技创新环境，提高科技创新资源使用效率。科技体制改革是一个动态的过程，在各自的历史背景下都发挥了特定的作用，每个时期的科技体制与国家当时的经济体制和政治体制密切相关，随着经济和社会的发展，科技体制也经历了由"推动"到"阻碍"的转变，这就需要新的科技体制改革。比如，1985年科技体制改革中通过项目制引入竞争，在当时确实起到了积极的作用，在之后的发展中，经济体制逐步完善，科技投入逐步增加，科技投入资源配置中出现的重复和寻租等问题显现出来，现有科技体制成为阻碍科技投入效率的重要因素，这就需要进一步深入改革，来破除这一障碍。

6.2　科技体制存在的问题

资源配置机制、资金投入管理体系等方面的内容是科技体制的主要内容，资源配置机制对应政府与市场的关系，资金投入管理体系反映中央和地方的关系、政府各部门的关系，科技创新领域中，政府与市场的关系、央地关系、政府各部门的关系共同影响着政府科技投入体系的效率，政府科技投入体系是发挥政府在科技创新领域作用的载体，更是效率研究的对象。

6.2.1 科技投入的资源配置

科技创新活动对资源配置的要求：其一，开放性。科技创新资源要素需要同外界环境进行有效交换，让要素能够处于最能实现价值的状态，减少熵值，提高要素的配置效率，发挥科技创新对经济社会发展的促进作用。其二，整体性。创新体系自身处于不断优化结构的过程，在此过程中需要创新资源要素在科技创新体系内部流动，只有合理的配置结构才能带来整体创新能力的提升。其三，动态性。资源要素的积累是一个过程，资源配置的模式也不是一成不变的，资源要素的配置是存量变化和流量变化相统一的过程。变化的动力来自对科技创新的需求，变化的路径来源于配置机制和资源投入体系。其四，层次性。既包括在执行层面上运用科技资源要素，也包括在分配层面上管理资源要素，这两个层面组成资源配置系统，融入运行机制，在全社会科技创新系统中运行。

科技资金投入主体是指资金的来源，主要是政府和企业；科技资金使用主体是指科技创新活动的执行主体，主要包括研发机构、高校和企业。科技资源通过政府、市场和社会三种配置机制在科技创新体系内流动。

首先，由于科技活动自身的高风险性和高外溢性，需要政府参与科技资源配置。政府对科技资源的配置机制有以下特点：其一，以政府和公众意志为引导，政府对科技资金的分配方向和分配方式由政府决定，以解决科技创新中市场失灵的问题，在分配的过程中政府以行政力量推动资源得到配置；其二，与市场通过价格机制进行资源配置不同的是，在市场失灵的环节价格信号无法发挥价值判断的作用，尤其是面对公共产品，更多的是经济价值和社会价值的共同体，需要政府代表公众做出价值判断，进而进行资源配置。政府进行资源分配效率主要取决于分配所依据的信息质量以及分配方式的科学性、合理性。

其次，市场配置机制。价格机制是市场运作的核心机制，市场自发调节功能在价格体系的作用下不断发展、成熟，发挥着信息提供、经济激励和收入分配三大作用，从而促进市场最本质的资源配置功能的形成与完善。科技资源配置系统中市场配置力的形成类似于一般意义上的市场形成过程。科技资源要素市场在自发形成的过程中促成了科技资源配置机制的形成，价格机制在促进人、财、物和信息流通方面具有良好的效率。

在人力资源要素市场上，市场价格机制的形成及发挥作用是建立在对科技人力资源要素内在价值的评价之上的，有利于引导具有高素质的科技人力资源流向能体现自我价值、发挥创造性潜能的环境，创造出更高的收益。科技财力资源要素市场为科技创新主体提供了广泛的资金供给平台，一方面利于形成资金供给的多元化，拓展投入渠道，降低投入风险；另一方面利于引导资金流向产出效益高的执行主体。在物力资源要素市场上，市场为物力资源（如大型科研仪器、设备等）提供了交易的场所和环境，提高了存量资源的流动性与共享性，有利于科技经费的节约与高效使用。在科技创新成果市场上，市场为创新成果提供交易平台，提高科技成果的流动性，加速成果转化，使科技创新的成本可以在更短时期内得到补偿。上述四个市场通过价格机制为交易各方提供了透明的信息，减少了科技创新中的信息不对称性，提高了资源配置的效率。

最后，政府和市场是科技投入配置的主要力量，社会组织是配置机制中的辅助，起到"润滑剂"的功能。各类社会团体、行业协会、中介组织等，本身不具有资源分配或配置的功能，但作为一种规则和对科技创新行为主体的自律性组织，将通过以下渠道对科技投入进行一定的帕累托改进：其一，自我约束和引导，通过行业和群体内的互动以及价值评判进行自我约束，进行人、物和信息的交流，提高违约成本，推动技术成果和资源的流动；其二，加强信息沟通，降低交易成本。在科技创新领域，中介组织通过信息的汇集，破除各方的信息壁垒，减弱信息不对称性带来的交易成本。社会组织的经费来源主要是政府拨款、组织会员缴费、项目资助、服务收费等，主要提供信息交流、决策咨询、技术鉴证等服务。

6.2.2 政府科技投入体系

政府科技投入体系包含资金管理主体、资金投入渠道和资金使用方式三个方面的内容，了解分析政府科技投入体系是发现科技体制中现存问题的起点。

6.2.2.1 资金管理主体

政府科技投入体系中的行为主体包括两部分，一部分是资金管理主体，另一部分是资金执行主体，前者主要是政府部门，后者主要是政府所属研发机构和高校。中央和地方政府在进行科技资金投入时具有相对的独立性，同时又具有管理方式上的高度同质性。

科技经费预算一般按三级管理。一级预算单位，即科技经费主管部门，直接与财政部门发生科技经费拨付关系，分配资金的方式有两种，一种是对其所属科研单位分配和转拨科研经费，另一种是通过各类计划和项目的形式分配科技经费；二级预算单位，是向一级预算单位领报科研经费，并对其所属科研单位分配和转拨科研经费的单位，如中国科学院下属的微生物研究所、半导体研究所；三级预算单位，即基层科技事权执行单位。从具体的经费管理方式上，中国从 2001 年开始推行科研计划"课题制"和招投标制度，国家对科研活动的支持由稳定的经费支持转变为机构稳定支持和课题竞争性项目支持并重。

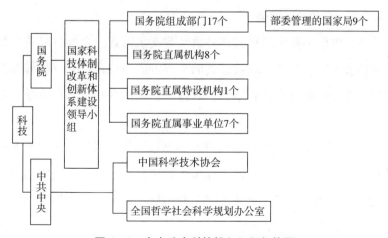

图 6-1 中央政府科技投入组织架构图

以中央政府为例来分析政府科技投入资金管理主体。根据2014年7月中央98个部门公布的部门决算,部门预算中具有"科学技术"支出的有44个,其中属于中共中央的中央机构有2个(中国科学技术协会和全国哲学社会科学规划办公室),属于国务院的中央机构有42个,包含国务院组成部门17个,国务院直属机构8个,国务院直属事业单位7个,国务院直属特设机构1个,以及9个国务院部委管理的国家局。

在部门预算管理体制下,各级部门和各直属机构的科学事业费直接纳入部门预算。从与科技经费预算管理相关的部门看,有科技口和非科技口之分。从科技口来说,目前中央一级预算单位有7个,国务院部门有5个,中共中央部门2个,其中有资金二次分配权的部门有5个(科技部、教育部、发展改革委、国家自然科学基金委员会、全国哲学社会科学规划办公室)。科技经费还分布在非科技口的一级预算单位管理之下,如农业部、教育部、交通部等行业管理部门。

中央和地方各级政府在财政预算中都有针对科技资金的一级预算单位,这部分资金一部分用于本单位的科研,另一部分通过各类计划、基金和专项进入同级政府部门的部门内,财政科技支出以及各区域范围内的科研单位,中央部门辐射全国,各层级政府辐射本区域。

6.2.2.2 资金投入渠道

近几年,中国不断调整和完善科技经费支出方式。自推行科技计划"课题制"和招投标制度以来,科技经费的支出方式由稳定经费支出转变为机构稳定支持和竞争性项目支持相结合,从资金投入的规模来看以竞争性项目支持为主。

2014年前通过竞争性项目进行科技创新投入的手段为各级政府和部门的科技计划、基金和专项,资金渠道分布于各级政府部门,科技资金具有"碎片化"的特点,也形成了"九龙治水"的困境,引发了项目渠道间信息孤立、内容交叉,项目重复申报的现状。

2014年,科技部和财政部共同起草了《关于深化中央财政科技计划(专项、基金等）管理改革的方案》，提出了政府科技资金投入渠道的改革方向，将中央政府科技资金纳入以下五个渠道：国家自然科学基金、国家科技重大专项、国家重点研发计划、技术创新引导专项（基金）、基地和人才专项，要求"公开竞争方式的中央财政科技计划，占到中央财政民口科研经费一半以上"。

如图6-2所示，将原由科技部管理的国家重点基础研究发展计划、国家高技术研究发展计划、国家科技支撑计划、国际科技合作与交流专项，以及发展改革委、工信部管理的产业技术研究与开发资金，以及其他部门管理的公益性行业科研专项归并形成国家重点研发计划；对发展改革委、财政部管理的新兴产业创投基金，科技部管理的政策引导类计划、科技成果转化引导基金，财政部、科技部、工信部、商务部共同管理的中小企业发展专项资金中支持科技创新的部分，以及其他引导支持企业技术创新的专项资金（基金）整合为技术创新引导专项（基金）；科技部管理的国家（重点）实验室、国家工程技术研究中心、科技基础条件平台，发展改革委管理的国家工程实验室、国家工程研究中心等合理归并基地和人才专项。

由此可见，政府科技投入的渠道自2014年后进行归并和优化调整，政府部门也从直接管理项目转向抓战略、抓规划、抓政策、抓监督。地方政府进行科技投入的渠道与中央有着高度的一致性，虽然目前还未有相关的改革方案，但也将根据中央的相关改革方式进行调整。

6.2.2.3 资金使用方式

研发机构、高校和企业是科技创新活动的执行主体，其中研发机构和高校作为政府科技资金的重要投入对象，其获取科技资金的主要方式包括：一是通过部门预算的财政拨款获取机构稳定支持；二是通过申报科研项目获取竞争性项目支持。企业作为科技创新的主体，获取资金的方式主要是通过竞争性项目。政府科技资金对企业主要采取无偿拨款、贴息和资本金投入等方式，通过科技政策和科技计划来实施。比如，科技部通过科技支撑计划和863计划对创新型企业进行经费支持，很多项目要求企业与高校或科研院所联合

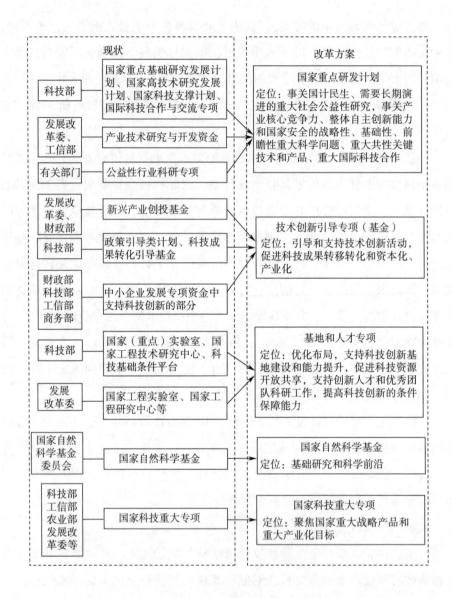

图6-2 中央科技计划管理改革框架图

申报。目前政府通过财政科技资金支出对企业的科技创新行为影响过大，通过市场机制对企业科技创新行为的调节不足。

从管理者的角度分析政府资金使用方式：以中央政府投入的资金为例，

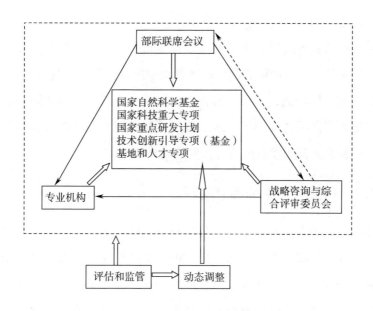

图6-3 中央科技资金使用方式示意图

政府相关部门提出需求，由部际联席会议审议科技战略规划和科技计划布局、重点任务的设置。战略咨询与综合评审委员会以及专业机构由部际联席会议进行审议。战略咨询与综合评审委员会对科技发展规划和计划的布局，以及重点任务和转向设置提出咨询意见；对项目评审规则、专家库以及规范评审机构提出意见；接受部际联席会议的委托对特别重大科技项目进行评审。科技计划项目由科研项目管理专业机构管理，这部分机构可通过具体条件的科研管理事业单位转型，通过国家科技管理信息系统接受项目申请，组织项目评审、立项、过程管理以及验收。评估和监督既包括科技部和财政部对战略咨询与综合评审委员会和专业机构的尽责评估和监督，也包括委托第三方进行的科技计划实施绩效评估，根据评估结果对科研项目进行动态调整。

从研发活动执行主体分析政府资金使用方式：研发机构和高校使用政府投入的科技资金主要是以政府无偿拨款的形式进行，比如通过国家自然科学基金、国家科技重大专项、基地和人才专项等渠道获得资金，企业在使用政府投入的科技资金时无偿拨款的比例较少，主要通过风险补偿、后补助、创投等方式使用，如通过技术引导专项获得。

政府无偿拨款方式的资金主要用于提供科技创新中的公共产品，改善研发条件，加强外溢性强的源头创新；通过集中国家资源破除战略性、基础性、前瞻性和行业共性问题，为经济和社会发展提供支撑。通过风险补偿、后补助和创投等方式发挥杠杆作用，运用市场机制对研发活动进行支持，分担部分风险，激发私人部门投资的活力，促进成果转化。

6.2.3 科技体制中的现有问题

科技体制中现有的问题集中于政府与市场的边界、中央和地方政府间的协调、政府各部门间的协调三个方面。虽然 2014 年中央出台了《关于深化中央财政科技计划（专项、基金等）管理改革的方案》，但能否顺利实施值得进一步观察，另外地方政府科技投入运行机制的改革以及改革过程中中央和地方如何配合，也是值得研究的问题。

（1）政府与市场边界不清

中国政府目前在科技领域的最大特征是包揽的事务过宽、过广、过杂，几乎覆盖了各个方面和环节，因此出现有的方面管得过多、过死，有的方面却又无力去管，或按照政府部门的相对利益取舍等问题。在科技领域，目前政府在支出责任上"越位"与"缺位"的现象并存。一方面，项目立项和经费分配过度行政化、部门化，市场和企业需求在项目立项中无法体现，造成研究与市场需求、科研项目与经济社会发展需求脱节，科技资源配置存在重复浪费和效率不高的弊病。另一方面，在市场失效领域，如基础科研、社会科学、科普宣传、科技公共服务平台等社会公益性事业，应由政府承担的职责，却因得不到充足的资金支持或强有力的监管，形成了"短板"。

（2）政府间协调不力

政府进行科技投入时的不协调主要体现在中央和地方在政策制定上缺少衔接，下级政府对上级政府政策理解有偏差。

在政策法规制定方面，一是不同地方的政策执行水平存在较大差异，例如研发费用加计扣除政策，各地的操作流程和实施细则差异较大，有些地方的企业难以享受普惠性政策。二是一些地方从吸引集聚科技资源的角度出发，制定出台的政策法规缺乏与上位法的衔接配套，出现了地方政策突破了现有国家政策规定的情况。在科技体制改革方面，按照中央全面深化改革工作部署，中央和地方按照各自的任务分工分头推进改革任务，目前还没有建立上下联动的沟通协调机制，更多的是地方对中央的跟随和复制。

中央和地方政府间支出责任模糊，这种模糊的表现之一是在安排资金项目中出现了较多的"吃拼盘"现象。特别是在科技领域，各级政府所承担的事权种类多数相同，区别仅在于管辖范围大小。事权不清不仅存在于中央与地方之间，还存在于地方的各级政府之间。

地方配套的问题，除政策理解偏差外，不排除上级要求地方和企业配套的不合理情况存在，造成地方配套压力，形成地方争取项目越多，其财政压力越大的局面。地方为争取中央科技资金，在项目申请中存在盲目承诺配套，而项目进行中配套资金无法落实。事实上，除特定要求配套的项目外，其他项目所承诺的配套对获取项目没有帮助。

（3）部门间科技投入重复

一些部门，中央、省和市三级都有设置，职能的差异只体现在区域边界上，形成了上下一般粗的局面。中央层面设国家重点实验室和工程技术中心，省里面对应的就有省级的科技创新平台——省级重点实验室和工程技术中心；中央设立科技创新相关专项，省和市一级也设定相关的专项。

科技经费分散于各部门，造成科技经费条块分割、多头管理、交叉重复，这一现象在中央更为明显，据统计，中央部委涉及科技的专项资金有118项，各部委之间、部委的各部门之间存在信息壁垒，缺乏协调机制，资金通过众多专项和部门进入中央40多个部门的部门预算，资金分散，统筹能力有限。随着政府层级的下移，资金分散程度降低，但并非统筹能力提升，而是资金规模小，事权范围缩小造成的。实际工作中，很难有效统筹协调多部门进行资源整合。各部门事权履行中职能界限模糊，沟通协调不足，导致各单位

"闭门造车",科技项目重复交叉、资源浪费的情况一直存在。同一部门管理的资金也常常因具体执行单位的不同,形成了名目繁多的专项,专项之间也存在交叉重复。

与此同时,地方科研机构或企业申请到中央的项目,省、市甚至县会再给予一定的资金支持,形成科研领域的"马太效应"。与"块块"所对应的职能交叉,"条条"中的部门之间也存在职能交叉,拥有科技事权的部门和单位,其支出领域通常根据各自部门内的发展需求来制定,虽然有一定的合理性,但各领域之间也有交叉的地带和区域,造成重复支出,虽然不能断然说这种重复是无效的,但毕竟不是建立在科学规划和充分沟通的基础上,而是为刺激竞争的需要而设置的,因此在一定程度上会造成各部门间支出领域的重复,导致资源配置的低效。例如,仅产业化一项内容,科技部、发展改革和工信部三个部门都在做,中央和地方都存在这种现象,进而形成"条块纵横"下的职能交叉和支出重复。一个项目不仅可以从不同部门争取到资金,从不同的层级政府也可以争取到资金,导致有些项目资金冗余,而有些项目无法有效获得资金。

根据 2014 年科技部和财政部共同发布的《关于深化中央财政科技计划(专项、基金等)管理改革的方案》,对中央政府科技投入改革提出了方案,随着方案顺利实施,科技资金在部门间缺少协调配合、政府对科技项目直接干预的问题得到了一定程度上的解决,但中央和地方在科技投入间的配合、地方政府与市场的关系、地方政府部门间的科技支出责任划分问题依然有待解决。在政府科技投入中地方政府已成为主力,2013 年地方财政科技支出占全国财政科技支出的 55.9%,因此地方政府资金投入渠道的变革将具有举足轻重的作用,而且地方政府是否能够完全复制中央改革的思路,进而解决地方政府科技投入中的问题依然需要研究,而且中央和地方政府科技投入机制改革也不是相互独立的,应形成合力。

6.3　现有科技体制影响政府科技投入效率的原因

政府科技投入效率最终取决于资源配置机制，第 5 章效率的测度是这一过程的显现。科技创新资源配置是科技资源在不同主体间的分配，也是配置主体之间根据所处位置不同产生的博弈。配置机制是配置主体在资源配置过程中形成的相互间行为关系以及行为方式，因此行为主体的相互关系、资源配置方式的选择是探索效率提升路径的关键。

新古典学派强调市场机制对资源的有效配置，凯恩斯学派强调政府干预对市场失灵的弥补，由于科技创新本身存在高风险性和高外溢性，因此仅通过市场或者政府无法实现资源配置的有效性。

政府和市场的合理定位、中央和地方政府的协调配合是实现科技资源有效配置的关键，也是提高政府科技投入效率的必要条件。科研机构、高校和企业是创新体系中科技创新的执行主体，产学研结合是提高配置效率的有效方式。因此，需要在科技创新体系下从政府与市场定位、中央与地方政府关系以及产学研结合三个方面探讨现有科技体制阻碍政府科技投入效率提升的原因。

6.3.1　政府行为干扰市场作用的发挥

科技创新资源的配置主要通过政府机制和市场机制实现，政府和市场是推动资源要素在国家创新体系中流动的决定性力量。在市场中，价格机制内生于交易活动中，体现商品的稀缺性和效用；政府科技投入是行政机制进行资源配置的重要手段，这种资源配置本质上是分配，是对生产单元所拥有的资源禀赋进行划分，资源禀赋的划分对资源要素的流动产生影响，行政机制外的资源配置由价格机制完成。

行为是行为主体在追求目标时有意识的行动或适应性行为。市场机制下的行为主体仅需要知道所需投入的成本、可获得收入以及行为过程中的风险就可以做出行为决策，无须了解市场机制下的所有信息。市场机制更多地鼓励了个人主义而非集体价值，在科技创新领域，市场在资源配置中会因科技创新的高风险性和外溢性造成失灵，市场机制无法人为设计，因此在科技创新资源配置机制中政府的定位及行为成为配置机制的关键。目前中国的科技创新体系中政府行为具有以下特征：

（1）政府在资源配置过程中行政色彩过浓。在科技创新领域，政府的观念还未从管理转向治理和服务，科技创新是经济社会发展的需要，具有一定的自发性，即使没有政府科技投入，市场主体依然会进行必要的科技创新。同时，如前文所述，政府的作用又是必要的，但政府并非全知全能，那么面对创新活动，如果仅将角色定位于管理者，将因无法设计出理想的管理体系而导致资源配置活动低效进行。

（2）政府行为短期化与显性化。政府在进行科技创新投入的过程中具有短视倾向，追逐投资效果的显性化。在绩效考核过程中专利、论文等往往成为目标，为使投入产生业绩，政府部门在进行科技投入时往往选择能更快产生成果的项目，使投入效果得以显现。短视化和显性化的行为倾向，源自政府部门面对上级部门要求和同级部门竞争的常规反应。如果政府部门将资金投入周期较长、成果不易显现的环节或领域，无法凸显部门业绩和工作成果。

（3）政府行为部门化。政府科技事权和资金成为各政府部门的"公地"，政府职能的履行由各个部门来完成，在政府整体职能确定的条件下，政府的权力划分至各个部门，各部门的重要性取决于权力的大小和多少。在权责不对等的情况下（这里是指权力多于责任时），政府部门追逐事权是合乎"情理"的。恰恰科技创新领域存在典型的权责不对等，各政府部门分享了科技事权，伴随事权而来的政府科技财力分散于各政府部门，加之科技宏观决策机构的缺失，造成目前政府科技投入碎片化的现状。比如，科技部、财政部等八部委联合实施国家技术创新工程，提出培育和建设国家创新型企业；发展改革委和工信部也随即提出建设自主创新百强企业、国家技术创新示范企业。名目繁多的政策相互独立，企业无所适从。政出多门容易导致管理上的混乱以及资源配置上的重复和浪费。

（4）政府行为方式简单化。目前政府主要通过项目审批和直接项目补贴参与科技创新，根据 2015 中央财政科技计划改革方案，未来改革的方向为政府不直接管理项目，但政府进行科技投入的手段较为单一。"发布指南—组织申报—专家评审—拨付资金—项目验收"成为政府进行科技投入的"规范性"动作，政府对知识创新和技术创新的评价变成了创新主体的行为指挥棒。

中国政府掌握大量的科技资源，并通过行政力量可以决定科技资源价格，如果政府在科技领域履行职能时，在自身理性的引导下，局限于部门利益和短期利益，在消除"市场失灵"的名义下，对科技创新活动进行微观干预，那么创新主体将无法根据创新规律和创新需求的要素价格信号进行科技创新投入、开展科技创新活动，造成科技创新成本上升，削弱政府科技投入的效用。

6.3.2　现有政府间关系扭曲政府行为

政府间关系是指中央和地方政府的关系，行为具有互动性，政府行为也具有这一特征，政府间关系则是政府行为互动性的体现。

地方模仿中央，机构同构，行为模式相似。在科技创新领域，地方政府成为中央政府的缩影，在部门设置和科技资源的配置方面具有较高的相似性。在政府运行过程中，下级政府往往注重对上级政府负责，中央政府的行为模式往往是地方政府行为的标杆。在进行政府科技投入时，中央政府所设置的项目在省级政府都有相应的体现，如省科技型中小企业技术创新专项、省基础研究计划（省自然科学基金）、省高技术研究计划、省火炬计划、省重点实验室等，地方政府"从上"的行为明显。中央政府一方面希望地方配合中央实施科技政策，调动地方政府科技投入的积极性，另一方面又希望地方政府能够根据自身情况有所突破；地方政府则希望能争取中央资金支持。

中央与地方权责不对称。中央政府虽然仅具有中央政府科技资金的分配权，但其可以通过两个方面对地方政府行为进行影响，一是中央政府资金的杠杆效应，二是中央政府行为的示范效应。地方政府选择项目时，为转移"决策风险"、降低项目甄别成本，对中央项目重复支持，造成资金浪费。比如一些地方政府规定，成功申请国家级项目或获得中央资金，将给予相应的奖励和补助。同时，在省级以下政府，下级政府的权力来自上级赋予，下级政府的科技支出较大程度受到上级政府意志的影响，形成"上级决策，下级执行"的行为倾向。

地方政府跟随与相机选择并存。虽然根据政府科技支出数据中国地方政府的财政科技支出已高于中央政府，但中央政府通过人权和财权等手段影响地方政府，加上地方政府的跟随行为，实际上中央政府依然对政府科技资源具有主要的分配权。地方政府能够自由配置的科技资源较少，不易于满足本地区的科技需求，而中央配置的科技资源会因信息不对称、不了解地区情况而造成资源错配。面对地方的科技需求，为争取中央科技资源，地方政府在采用跟随策略的同时也在进行相机选择。对于能够带动当地经济发展、成效快的项目，地方政府会积极配合上级政府，对于周期长、对本地经济社会带动作用不强的项目，地方政府则会推诿。科技投入对经济的带动作用本身具有一定的滞后性，在以经济发展为目标的政绩考核导向下，地方政府对科技投入倾向于短期内见效快的科技项目。

6.3.3　科技创新主体的激励导向有偏差

研发机构、高校和企业是科技创新活动的执行主体，在科技创新体系中，行为主体间在追求各自目的的过程中相互作用，在这个过程中享受政府和法规管制下的自由。科技创新的行为主体在政府和市场构建的环境中能否带来集体满意的结果是实现效率要关注的。

执行主体的价值实现一方面来源于政府，另一方面来源于市场。《中国科技统计年鉴》数据显示，研发机构和高校的研发资金主要来自政府，分别在80%和60%以上，企业的研发资金主要来自企业自身，政府资金约占5%。

从2013年研发经费支出情况看，目前中国的高校主要面向基础研究和应

用研究，研发机构覆盖基础研究、应用研究和试验发展，企业主要面向试验
发展。

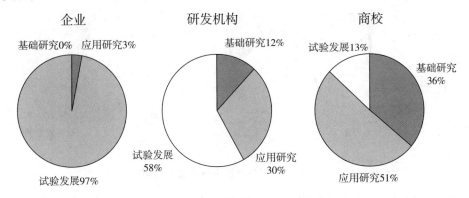

图6-4　科技创新主体研发资金投向图

研发机构和高校是基础研究的主力，在应用研究中高校、研究机构和企
业都有较多参与，试验发展中企业是主力。

高校和研发机构都具有科学研究、人才培养和社会服务三项基本职能，
高校参与基础研究、应用研究、试验发展乃至成果转化，能够实现对知识进
行创造、传播、应用等整合功能，并能实现与产业的相互促进和依托。

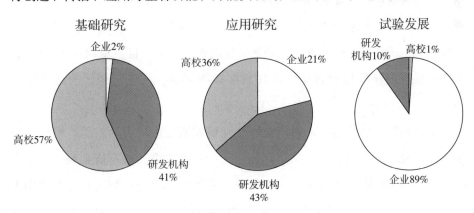

图6-5　研发活动资金的执行主体构成图

从研发经费的来源看，研发机构和高校主要依托于政府资金，其中研发
机构对政府的依赖程度更高，企业的研发资金主要来源于企业资金。

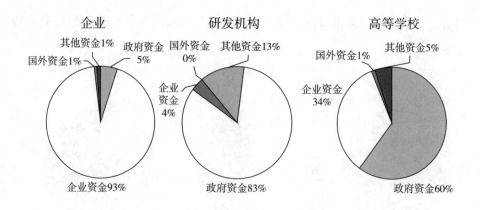

图 6 – 6　科技创新主体资金来源图

由此可见，高校和研发机构较多地满足学术需求和政府需求，在市场对科技创新需求不足的情况下，政府充当了这一需求的消费者，并通过政府资金进行供给。在此情况下，如果政府没有合理界定自身需求，那么在中国现状下，政府有充分的理由和力量左右高校和研发机构的行为。

对研发机构和高校而言，政府资金是其主要研发资金来源，虽然在运转过程中以竞争性经费为主，而且竞争经费的获取途径主要是通过项目，项目的审批和验收通过专家评议的形式，但执行过程中，政府意志依然占据主导作用。换言之，政府依然是研发机构和高校的价值实现来源。官办科研单位长期依赖上级行政单位的安排，缺乏必要的独立意识、自主意识和激励机制，因而在科技创新活动过程中，往往只能按图索骥、墨守成规，缺乏效率和活力。

虽然按照统计数据，政府资金在企业研发资金中的占比较低，但统计口径仅为规模以上工业企业。从这部分企业的行为来看，政府资金对企业本身研发而言作用有限，而且使用成本较高，在政府部门与这类企业的互动中出现以下行为：（1）政府期望这些企业接受政府资金，完成政府本身的科技支出政绩要求；（2）企业不愿接受政府资金，原因在于每个政府项目支持力度较小、相关部门多，使用这部分资金成本较高，手续复杂。真正需要政府资金予以创新支持的往往是高科技中小企业，虽然政府单独设有这部分资金投入，但由于执行部门对政绩的追求以及对风险的规避，倾向于大中型企业，而恰恰这类企业对政府资金的需求低于小微型高科技创新企业。同时，由于政府在投入中存在支持方式单一、部门直接管理项目等行为，各级政府资金形成了资金"公地"，为企业道德风险的产生创造了条件，政府补贴资金源自多部门、多渠道，本应以市场价格为行为导向的企业转向以政府补贴为行为导向。政府支持科技创新的行为方式无法对仅追求获取政府补贴的"劣质"创新企业进行筛选，这类企业挤占了"公地"资源，造成资金的浪费。

6.4　本章小结

影响政府科技投入效率的因素是多方面的，经济、制度、文化等方面的因素都会对政府科技投入效率产生影响，其中科技体制是阻碍政府科技投入效率提升的关键，政府在科技领域的投入方式、投入方向最终由科技体制决定，资源配置机制、政府层级间和部门间的关系是科技体制中的主要内容。实践中，随着经济步入"新常态"、体制改革步入"深水区"，科技创新领域深层次的问题逐步显现。因此本章从目前影响政府科技投入效率的因素出发，以科技体制为突破口，分析现存的问题以及产生这些问题的原因。

（1）科技投入的资源配置

科技创新活动要求资源配置具有开放性、整体性、动态性和层次性。科技资源通过政府、市场和社会三种配置机制在科技创新体系内流动。政府和市场是科技投入配置的主要力量，社会组织是配置机制中的辅助，起到"润滑剂"的功能。

资金分布于各级政府部门，科技资金具有"碎片化"的特点，也形成了"九龙治水"的困境，引发了项目渠道间信息孤立、内容交叉，项目重复申报的现状。2014年《关于深化中央财政科技计划（专项、基金等）管理改革的方案》就是针对这一问题出台的。地方与中央有着高度的一致性，虽然目前还未有相关的改革方案，但也将根据中央的相关改革方式进行调整。

研发机构、高校和企业是科技创新活动的执行主体，其中研发机构和高校作为政府科技资金的重要投入对象，其获取科技资金的主要方式包括：一是通过部门预算的财政拨款获取机构稳定支持；二是通过申报科研项目获取竞争性项目支持。企业作为科技创新的主体，获取资金的方式主要是通过竞争性项目。目前政府通过财政科技资金支出对企业的科技创新行为影响过大，通过市场机制对企业科技创新行为的调节不足。

（2）政府科技投入体制中存在的问题

政府科技投入体制中现有的问题集中于政府与市场的边界、中央和地方政府间的协调、政府各部门间的协调三个方面。第一，政府与市场边界不清。中国政府目前在科技领域的最大特征是包揽的事务过宽、过广、过杂，几乎覆盖了各个方面和环节，因此出现有的方面管得过多、过死，有的方面却又无力去管，或按照政府部门的相对利益取舍等问题。在科技领域，目前政府及财政在支出责任上"越位"与"缺位"的现象并存。第二，政府间协调不力。政府进行科技投入时的不协调主要体现在中央和地方在政策制定上缺少衔接、下级政府对上级政府政策理解有偏差。中央和地方政府间支出责任模糊。第三，部门间科技投入重复。科技经费分散于各部门，造成科技经费条块分割、多头管理、交叉重复，随着政府层级的下移，资金分散程度降低，但并非统筹能力有待提升，而是资金规模小，事权范围缩小造成的。与此同时，地方科研机构或企业申请到中央的项目，省、市甚至县会再给予一定的资金支持，形成科研领域的"马太效应"。

（3）现有科技体制影响政府科技投入效率的原因

第一，政府行为干扰市场作用的发挥。目前中国的科技创新体系中政府行为具有以下特征：政府在资源配置过程中行政色彩过浓，政府行为短期化与显性化、部门化以及行为方式简单化。如果政府在科技领域履行职能时，局限于部门利益和短期利益，在消除"市场失灵"的名义下，对科技创新活动进行微观干预，将造成科技创新成本上升，削弱政府科技投入的效用。

第二，现有政府间关系扭曲政府行为。地方模仿中央，机构同构，行为模式相似；中央与地方权责不对称；地方政府跟随与相机选择并存。

第三，科技创新主体激励导向有偏。研发机构、高校和企业是科技创新活动的执行主体，在追求各自目标的过程中相互作用，在这个过程中享受政府和法规管制下的自由。高校和研发机构较多地满足学术需求和政府需求，在市场对科技创新需求不足的情况下，政府充当了这一需求的消费者，并通过政府资金进行供给。政府对企业的支持与企业的实际需求有偏，而且企业使用这部分资金的制度成本较高。同时，由于政府在投入中存在支持方式单一、部门直接管理项目等行为，各级政府资金形成了资金"公地"，为企业道德风险的产生创造了条件，政府支持科技创新的行为方式无法对"劣质"创新企业进行筛选，这类企业挤占了"公地"资源，造成资金的浪费。

政府和市场的合理定位、中央和地方政府的协调配合是实现科技资源有效配置的关键，也是提高政府科技投入效率的必要条件。科研机构、高校和企业是创新体系中科技创新的执行主体，产学研结合是提高配置效率的有效方式。

7

政府科技投入效率的提升路径

政府是科技创新资金来源之一，也是资源配置机制的重要组成部分。政府科技投入的效率本质上取决于国家创新体系中科技创新资源的配置，效率的优化路径存在于科技人才、资金、信息等创新要素的交换、整合、重组和使用过程中。

本章通过分析国家创新体系中政府的行为动机、行为方式以及与其他行为主体的关系，来探索政府科技投入效率的优化路径。政府进行科技投入的动力隐藏于科技资源的配置过程中，而科技资源配置过程中不同配置机制具有不同动力，如何正确认识各行为主体的行为是本章的关键。

7.1 效率提升路径的整体设计

对效率提升路径进行整体设计需要进行两方面的工作：明确目标和实现目标，一方面是明确政府科技投入目标，另一方面是在明确目标的基础上发挥创新体系中各主体的作用。

7.1.1 明确政府科技投入的目标

如果没有国家支持，任何私人捐助或基金都无法满足科技创新所需的投资。政府一方面带动私人资本投资，弥补企业和个人投入的不足，保障全社会科技投入的规模；另一方面在保障资源投入的同时，政府科技投入要实现国家创新能力的提升。

7.1.1.1 保障和带动全社会科技创新投入

政府通过科技投入来保障和带动全社会科技创新投入主要体现在以下三个方面。

（1）承担部分关键性科研任务。政府用于科技创新的投入一般通过预算予以财政拨款，也是科研机构和高校开展科技创新工作的主要资金来源，主要用于基础性、前沿性、战略性和共性技术研究，这些科技创新一般与国家战略和安全、社会公共需求相关。

（2）带动企业研发活动。除对科研机构和高校的投入外，政府也对企业的科技创新提供资金支持，支持形式包括科技计划、创新基金等，政府不具体参与企业的科技创新活动，这部分资金一方面是对企业自身研发活动的支持，另一方面是企业承担部分国家科研任务。

（3）推动科技成果转化。科技创新成果的产业化是科技创新过程中的"最后一公里"，也是决定科技创新是否成功的关键，产学研结合是为了打通整个科技创新流程，避免科技创新止步于知识和专利。政府要为创新成果产业化创造条件，避免创新成果被"束之高阁"，政府进行科技投入的目的是使创新成果最终能够创造价值，提升生产水平。

7.1.1.2 提升创新能力

在世界经济论坛（WEF）以及瑞士洛桑国际管理发展研究院（IMD）每年公布的国际竞争力报告中，创新能力占据了突出的位置，这表明国家和地区竞争力的体现逐步转向创新能力。政府科技投入要实现国家创新能力的提升，创新能力的提升仅仅依靠私人部门或者仅仅依靠公共部门是无法实现的，目前科技创新的复杂程度也不是单个创新主体可以完成的，涉及从基础研究到产业化的全流程。政府是提升创新能力的关键力量，提升创新能力需依靠科技体制改革，提高政府科技投入效率，充分发挥政府和市场的作用，平衡政府和市场的关系，协调创新体系各主体的关系。既要通过政府的作用避免"市场失灵"，同时也要避免政府在避免"市场失灵"的旗号下进行过度干预。

　　单纯地增加政府科技投入规模并不能提升创新能力，能力与效率是息息相关的。从国家创新体系的角度出发，系统性提升科技创新能力，是政府科技投入的理性目标。按科技创新流程，国家创新体系可分为知识创新体系、技术创新体系和应用体系。知识创新体系的主体功能是知识生产和传播，核心组成单元是科研机构和高校；技术创新体系的主体功能是技术创新，核心组成单元是企业，建设目标是形成以企业为主体、市场机制起配置作用、面向应用的技术创新体系，提升企业的创新能力；应用体系的功能是促进知识和技术转变为生产力，实现科技创新的价值。这三个体系之间存在交叉，各有侧重，共同形成科技创新的有机体。

　　国家创新体系的组成要素包括为外部环境、创新需求、政治体系、研发体系、产业体系和中介等。如图7-1所示，在国家创新体系框架下，创新能力不是由单一主体和要素决定的，国家创新体系是一个复杂的网状系统，国家创新体系的建设反映了国家创新能力，与国家战略密切相关。国家创新体系在市场和政府的共同作用下形成，具有相对稳定性，仅通过市场机制或者仅通过行政机制都无法推动国家创新体系的建设、实现创新能力的提升。国家创新体系的建设需要发挥政府的主导作用，发挥市场配置科技资源的基础性作用，发挥企业在技术创新中的主体作用，发挥研发机构和高校进行知识创新的基础性、引领性作用，为创新驱动战略的发展提供保障。

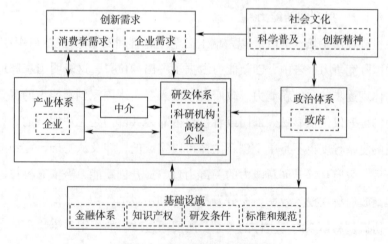

图7-1　国家创新体系模型图

7.1.2 把握政府科技投入的方向

在科技创新领域，政府在进行科技投入以实现保障和带动全社会科技创新投入、提升创新能力的目标时，需要把握三个方向：一是对科技创新过程中的外溢性问题进行处理，包括降低外溢性和外溢性补贴；二是处理科技创新的风险，包括降低风险和风险转移；三是营造创新环境。

在利用市场机制配置资源的条件下，政府财政支出推动生产要素流动的根本动机在于遵循比较优势，通过要素流动来改进生产要素的禀赋比较优势，改善资源配置结构，提高生产要素的边际回报率[①]。

7.1.2.1 处理外溢性问题

科技创新的投入最终要实现价值化，转变为物质生产力，从投入到价值实现中间要经历知识和技术等中间产品的价值传递，在科技创新投入变为知识和技术后，该类中间产出具有消费上的非竞争性和收益上的非排他性等特征，知识和技术可以重复消费，而且消费的边际成本为零，甚至在消费的过程中会增加中间产品产出；高外溢性使中间产品的排他成本很高，即使通过知识产权和专利保护使中间产品部分获得产权，部分解决了"搭便车"的问题，也不能完全解决外溢性。在市场机制下，科技创新的投入者并不能通过科技投入来获得全部收益，其差额就是收益损耗，即使收益能够高于投入的机会成本，也会因"搭便车"行为影响私人资本进行科技投入的积极性，使全社会科技投入低于最优水平。

中间产品不完全都是纯公共产品，基础研究产生的知识具有纯公共产品的性质，而通过知识产权和专利保护的知识和技术产品属于准公共产品，不管是哪类公共产品都具有外溢性，在不能获得外溢性补偿的情况下，市场机制作用下的私人资本往往选择会转向科技创新的溢出，而放弃进行科技创新投入，最终造成市场机制在科技创新领域失灵。此时，需要政府通过科技投

---

① 石奇，孔群喜. 动态效率、生产性公共支出与结构效应 [J]. 经济研究，2012 (1)：92－104.

入来弥补市场机制的缺陷。知识的正外部性使知识生产投入社会边际产出与私人边际产出存在差异，导致市场失灵，在缺少政府干预的情况下，处于竞争环境下的厂商不会实现知识积累的最优量，均衡经济增长率将不会处于帕累托最优状态（Romer，1986）。Nelso（1959）和 Arrow（1962）在技术创新研究中也应用了市场失灵理论，为政府在技术创新中进行干预提供了理论依据。

政府进行科技投入并非意味着政府包揽整个科技创新过程，科技创新是复杂的投入产出过程，不能因为市场机制在过程中的部分失灵就否认市场机制的配置功能。在越接近于市场的部分，科技创新产出越具有私人产品的性质，市场机制的配置功能越有效；越接近于创新源头和基础，科技创新产出越具有公共产品的性质。

科技创新成果的应用往往为全社会带来可观的经济效益和社会效益，私人资本追逐的是自身可获得经济效益，而溢出的部分则留存在全社会，为社会成员、企业和行业共享，政府为鼓励科技创新活动，应当为外溢的部分"埋单"。科技创新的"外部性"主要体现为"外溢性"，是导致市场机制失灵的主因，所产生的影响包括对社会的正效应和对自身的负效应。前者是指企业在追逐经济利益进行科技创新投入时，为社会带来更多收益，社会中的其他企业通过模仿和复制来获得科技创新带来的经济收益，全社会也将获得如资源节约、环境保护等社会效益；后者是指若企业通过科技创新投入获得的收益小于其机会成本，企业进行投入的动机将减弱，与此同时，"搭便车"将进一步激励企业等待他人创新投入，使科技创新投入低于最优规模。除科技创新中的产品具有公共产品属性外，科技创新生产中基础设施、科普、信息平台等也是必不可少的，而且这些环节投资更大、公共产品属性更强，私人资本没有投资的动力，需要政府进行投资。

科技创新的"外溢性"可以增加全社会的经济收益和社会收益，但同时抑制了私人资本进行投入的动力，导致这一领域市场机制的失灵，因此需要政府进行投入，降低负效应，为科技创新提供良好的环境，激发全社会进行科技创新投入的积极性。从微观产业层面来说，政府财政支出能够促进特定行业产生"租金效应"，也就是说，政府财政支出在行业层面短期内可能并不能够产生明确的正向促进，但从中长期来看，由于政府财政支出的投入方向多集中在科技、研发、教育等部门，这类部门能够产生具有广泛溢出效应的公共品供给，而这类公共品供给能够显著推动特定产业的发展。

7.1.2.2　降低和分担创新风险

科技创新中的不确定性最早是由 Arrow（1962）提出的，不确定性存在于科技创新过程的各个环节。科技创新的风险源自不确定性，主要有外部环境的不确定性和科技创新活动本身的不确定性。

科技创新是探索性活动，创新程度越高，不确定性越强，风险越高。科技创新的投入并不能保障能够产出，一定量的科技投入并不能确定相应量的产出。导致创新活动本身高风险的原因包括：（1）科技创新的复杂性。随着科技的发展，学科间的交叉程度加强，科技创新的复杂性也在增加，对创新条件和创新投入的要求越来越高。（2）创新的不确定性。科技创新没有既定的范式，成果也往往无法预知。（3）价值转化的不确定性。由于创新成果在进行产业化的过程中可能遭遇技术上的瓶颈，即使能够产业化也可能不符合市场需求。（4）收益获取的不确定性。进入产业化后的科技成果可能因替代品的存在而不能有效获得收益，价值外溢效应的存在，使进行科技创新投入的主体无法完全占有全部收益，最终科技创新能够产生的收益以及投入者能占有的比重都是未知的。

除上述科技创新活动本身的不确定性带来的风险外，还存在外部环境不确定性所带来的风险。科技创新面临的外部环境主要是指制度和政策，而制度和政策由政府行为和公共偏好来决定，政府行为和公共偏好的不确定性给科技创新带来了风险。

科技创新的不确定性带来的高风险、巨大的投入和不确定的收益使市场机制下的企业难以承担，最终企业的科技创新收入会低于最优水平，此时需要政府提供相应支持，降低科技创新中的风险，一方面降低外部环境的不确定，这也是政府支出科技创新的主要着力点；另一方面分担科技创新活动本身的风险。

7.1.2.3 营造创新环境

在市场机制下，科技创新活动不能完全通过政府直接参与管理的方式来进行，通过政府科技投入来培育科技创新环境，调动全社会的积极性，发挥市场机制配置科技资源的作用不失为一种有效途径。科技创新环境可以分为硬环境（由科技资源要素环境和刚性的管理体制组成）和软环境（由人文环境、弹性的研究方向和评价体系组成）两大类。其中，科技资源要素由科技人力、财力、物力、信息等组成，人文环境主要由科学和人文精神、政策制度、学术传统等组成。

完善制度，保障创新主体的权益。国家创新体系是社会体系的一部分，体系内各行为主体受到制度的约束，同时也为其提供保障。研发机构、高校和企业都是科技创新的行为主体，这些行为主体的科研成果具有较高的外溢性，需要政府制定相关的制度法规，通过国家强制力来保障创新主体的权益，维护科技创新的相关秩序。政府制定相关政策法规，投入相关要素，消除壁垒，加强创新主体间的合作，促进各创新环节和体系的配合，产学研结合的创新方式提出就是对这一作用的良好诠释。

制定科技创新战略，进行宏观指导。制定科技规划，强化政府对科技创新的领导作用，为国家和区域科技创新的发展指明方向，利用政策和信息方面的优势指导科技投入，带动人才、技术等要素向相关领域和行业聚集，为科研机构、高校、企业创新提供良好的环境；通过科技规划和战略的制定对科技创新主体进行宏观指导，使中央和地方、政府和市场围绕国家和区域战略开展相应的创新活动，形成合力，避免科技创新的盲目性；通过科技计划的实施来落实国家创新战略，科技计划是创新战略实施的重要组成部分，科技计划的实施为经济与社会发展急需解决的问题和产业发展瓶颈提供技术支持，在部分领域形成一定的自主创新能力，形成一定的科技基础设施和知识储备。

加强科技创新基础条件建设，改善研发条件。基础条件包括实验仪器和设备、科技创新信息平台等，这些基础条件一般投资规模较大，对单一的科技创新主体而言使用频度较低，私人资本进行基础条件投资建设缺乏动力，而且也超出其承载能力。政府通过基础条件建设的投入改善科研条件，通过对社会开放，提高使用率，降低科研机构、高校和企业的科技创新成本，提升全社会科技创新能力。

推动科学普及，培育科技人才。社会创新氛围和社会对科技创新的态度是科技创新环境的重要部分，政府在科普中的投入，有利于促进创新方法、创新理念在全社会的传播。科普是科技创新的起点和土壤，科技创新为科普提供新鲜血液，政府通过科普投入，提高全民科技创新意识，树立科学精神。科技创新人才的培养相对科普涉及面窄，但层次更高，人才是科技创新的核心要素，通过培养人才为各类科技创新主体提供必要的创新要素，提升科技创新能力。

改善融资环境，完善资金投入体系。科技创新对资金的需求高，而本身又存在高风险，因此在传统的科技创新环境中，科技创新主体研发资金来源主要是自有资金和政府资金，通过金融体系获得融资的难度较大。在金融体系中，银行在商业化运作中难以对研发项目风险进行合理评估，因此支出较少，而风险投资则受到成熟程度的限制。同时，最具创新活力和动力的中小企业也面临融资难和融资贵的问题，正因为如此，发达国家普遍设有中小企业基金，以支持创新活动。借助金融体系，通过带动作用放大政府科技投入的效果是完全有可能的，引导金融资本流向科技创新领域，改善科技创新的融资环境。具体手段上，可以通过贷款风险补偿、股权和债券风险投资激励等手段，形成以政府资金为引导，以民间资金为基础，以风险投资为媒介，以股权和债券为信用工具的金融支持环境。

在创新环境的营造中，政府不仅是科技创新活动的重要参与者，通过对政府所属研发机构的直接管理和经费支持参与研发活动，而且政府还可以通过生产要素的配置、政策和制度的制定等手段与市场进行交互作用，促进政府科技投入目标的实现。

7.2　发挥创新体系中各主体的作用

国家创新体系运行中不仅包括作为创新活动执行主体的研发机构、高校、企业，也包括作为服务主体的各类中介机构，不同主体在创新体系中有各自的定位，这是国家创新体系高效运行的内在要求，也是政府科技投入效率提升的重要途径。创新主体关注的是科技创新能否有效产生成果、成果能否实现价值转化、科技创新所产生的价值有多少可以由科技创新主体占有。在创新体系中，研发执行主体直接关注的是科技创新能否有效产生成果，成果转化主体直接关注的是成果能否实现价值转化，而创新所产生的价值中各行为主体的占有能力则是间接关注的对象。

7.2.1　基于优势和动力，定位高校、研发机构和企业

在国家创新体系中，研发机构、高校和企业是科技创新活动的执行主体，也是政府科技资金的主要投向对象，在国家创新体系运行过程中，各主体所扮演的角色和定位不同，具备不同的功能和优势。

7.2.1.1　高校、研发机构和企业各自的优势

科技创新主体具有不同的优势。在科技创新活动中，高校既参与知识创新也参与技术创新，总体来看，高校主要面向学术需求，偏向于知识创新，是知识创新和传播的核心。高校的知识创新是指通过科研活动获得新的科学和技术知识，高校在人才培养和交流的过程中实现知识传播，使知识传播成为科技创新及其应用的纽带。高校的优势在于学科门类齐全，与研发机构和企业相比更具学科交叉、渗透的优势。高校具有深厚的知识积累，具有学术探索的氛围和资源，因此在知识创新中更具优势。研发机构的主要职能是研究与开发，重点参与应用研究和试验发展。与高校相比，研发机构更专注于某一领域，具有相当的专业性，在产业技术研发领域，研发机构更具优势。

企业处于市场需求的前沿，更了解科技创新需求，在产业链与科技链的对接中积累了大量经验，因此企业拥有明显的科技创新需求信息优势。尤其是大型企业，一般积累了本行业内的大量技术资本，是技术创新中的骨干，而中小企业为了发展和抢占市场，更具创新活力。

7.2.1.2　高校、研发机构和企业的需求和动力

科技创新执行主体面对的需求不同。研发机构、高校和企业具有各自的优势，同时面向不同的需求，从目前的研发资金来源看，高校更多的是面对政府需求和学术需求，研发机构资金绝大部分来自政府，主要集中于政府需求，企业主要面对市场需求。

目前政府科技投入效率的症结之一在于，在政府需求与市场需求的交叉地带，政府资金支持高校和研发机构所进行的科技创新成果不能有效满足市场需求，政府资金对企业的科技创新需求的支撑作用有待提高。

对科技创新的执行主体而言，其进行科技创新的动力主要包括以下几个方面：（1）国家科技政策的引导与鼓励。国家根据国内外形势，制定与经济和社会发展相适应的科技政策，包括科技发展战略规划、金融和税收相关政策等。（2）政府科技资金的支持，如政府设立的科技基金、科研项目等。（3）竞争的压力，如科研领域同行业竞争压力以及企业对竞争优势的抢夺。（4）科学探索精神，源自未知领域知识和技术的吸引。

7.2.1.3　高校、研发机构和企业的定位

行为主体的定位并不意味着其科技创新的边界，仅仅是其竞争优势所在，在科技创新过程中依然需根据需要寻求各主体间的配合。政府资金在此过程中的效率体现在：一方面引导各行为主体发挥自身优势，另一方面促进各行为主体围绕创新链、产业链进行协同与配合。

根据各行为主体的优势、需求和动力，为提升政府科技投入效率，各行为主体的定位如下：高校发挥其在知识创新、自由探索中的优势，为技术创新提供知识储备和支撑；研发机构发挥其在专业领域内的科研优势，面向行业共性技术，以市场需求为最终目标，以科技成果的产业化为导向；大型企

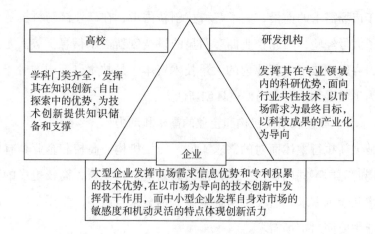

图 7 - 2 高校、研发机构和企业的定位图

业发挥市场需求信息优势和专利积累的技术优势，在以市场为导向的技术创新中发挥骨干作用，而中小型企业发挥自身对市场的敏感度和机动灵活的特点体现创新活力。

7.2.2 推动产学研协同创新

降低成本是效率提升的重要途径之一，通过创新主体间的行为协同可以降低创新主体间的交易成本，实现资源共享，提高资源利用率。交易成本源自产品的特殊性、交易的不确定性和复杂性、信息不对称性等，科技创新活动的高风险性增加了交易成本。通过政府作用的发挥可以推动创新行为主体的协同，实现产学研结合，提升科技创新效率，同时也使政府科技投入效率得到提升。

产学研结合是行为主体协同的主要表现形式，产学研结合是指研发机构、高校和企业共同参与合作，实现科技创新，是产业与科技融合的重要表现形式，企业代表企业界，高校与研发机构代表学术界。

7.2.2.1 发挥企业的主导作用

企业是技术创新的主体，更是产学研过程中科技成果产业化应用的主体，在成果转化中起着决定性作用，企业在产学研协同创新中以市场为导向，以增强企业竞争优势为目标。成果转化是将知识资本转化为市场价值的过程，缺少成果转换，面向市场需求的科技创新活动就无法实现价值。对创新执行主体而言，其最终能够获取的收入取决于创新活动的总价值、价值获取能力、成果转化成功率和成果产出成功率：

收益＝总价值×价值获取能力×成果转化成功率×成果产出成功率

企业在产学研协同创新中一方面要能够根据市场信息准确反馈市场需求，降低信息不对称带来的风险，减少科技创新的盲目性；另一方面为科技创新成果的产业化提供支撑。

企业存在与高校、研发机构合作的动力，动力来源于对技术创新的需求，通过对高校和研发机构所创造的研发成果进行应用获得竞争优势。高校和研发机构具备科技创新的优势，企业通过产学研协同创新一方面可以弥补自身科技创新中的不足，另一方面可以降低科技创新的成本。当然，在产学研协同创新过程中也是存在成本的，企业参与的主动性取决于产学研协同创新中消耗的成本与自身进行创新所付出成本的关系。

7.2.2.2 发挥研发机构和高校的支撑作用

研发机构和高校在产学研协同创新中的作用表现为两个方面，一方面是自身面向学术需求和政府需求的科技创新形成知识和技术积累，为产业化应用提供理论基础，推动企业参与技术创新和成果应用；另一方面是企业根据市场情况，提出技术需求，高校和研发机构针对市场需求进行有目标的科技创新。在此过程中，高校和研发机构不仅获得相关的研发经费支持、知识资本的积累，高校还可以实现对人才培养的支撑。

产学研协同创新的前提条件是科技创新主体定位不同，如果研发机构、高校和企业在科技创新中的定位同质化，那么协同就不存在意义。分工是合作的基础，在科技创新主体定位不同的前提下，产权界定是必要条件，为降低产学研协同创新中的行为主体间的博弈成本，政府可以通过制定相应的政策与法规创建适合协同创新的交易平台。

7.2.2.3 产学研协同创新的模式选择

产学研协同创新一般有四种模式：服务和咨询模式、成果转让模式、合作科研模式、科技创新基地模式。服务和咨询模式是指以企业为主导，研发机构或者高校为企业科技创新提供服务和咨询；成果转让模式是指研发机构或高校将科技创新成果出售给企业，由企业进行产业化；合作科研模式是指研发机构、高校和企业针对某一项目组成研发单元共同参与科技创新；科技创新基地模式是指通过组建创新基地，融合研发机构、高校和企业的优势，为产学研协同创新提供平台，一方面承担科研成果转化，另一方面进行高新技术企业孵化。不管是哪种方式，都是在政府和市场的共同作用下运行的，政府营造创新环境，市场发挥资源要素配置的导向作用。

产学研协同创新主要是针对市场需求和政府需求的科技创新，最终落到成果应用上，协同创新一方面可以降低科技创新各环节的信息不对称，降低科技创新的盲目性，发挥市场对资源的配置作用，另一方面融合各创新主体的优势，调动各创新主体的积极性，降低科技创新成本，提高科技创新效率。

产学研协同创新中，政府在科技创新中的行为直接决定产学研协同创新的效率，政府一方面是环境的营造主体，包括相关法律、制度及政策环境，另一方面也是科技创新的资金来源，对各创新主体的行为起到引导作用。

7.2.3 发挥中介机构的服务功能

发展科技中介机构是完善国家创新体系的重要内容，是提升政府科技投入效率的重要途径。政府科技投入效率的提升需要发挥科技创新中介机构的作用，科技中介机构处于科技创新执行主体之间，是科技创新的服务机构，具有促进科技创新主体进行科技创新的作用，具有资金、信息的优势。

7.2.3.1 重视中介机构的作用

对创新体系中行为主体的影响。在供给端，直接作用于创新主体，分担研发风险和成果转化风险，而在消费端则降低成果转化风险和价值获取。创新主体的投入回收往往在创新成果转化并经过市场检验之后，成果转化能力不足将阻碍科技创新投入回收。创新主体的投入回收渠道有两个，一是通过成果转化，二是通过成果交易，即使通过成果交易，科技创新成果的受让方依然需要通过成果转化来实现科技创新的价值。良好的成果转化能力可以缩短创新投入回收周期，提高创新成果的价值，激发创新主体的积极性。

科技中介机构作用在于：（1）信息沟通。通过科技创新执行主体间的沟通，积聚和传播信息，使科技创新所需信息的流通速度加快、配置效率提升。（2）咨询服务。这主要是针对中小型企业，由于科技创新的高风险性，中介机构可以为中小企业提供信息服务、撮合协作伙伴、提供人员培训和管理咨询等服务，提高科技创新能力。（3）成果孵化。通过对共性技术提供工程化服务，提升成果转化成功率。（4）组织协调。中介机构通过信息优势，及时将市场需求提供给科技创新执行主体，动态调整科技创新方向，创新链及时对接产业链，使科技成果能够及时在市场需求主体间进行交易，加速科技成果转化、创新投入价值实现和资金流转。

科技创新中介机构的作用发挥可以通过以下几个方面的影响提升政府科技投入效率：一是协调企业行为与政府目标。政府的着力点在于宏观规划、政策制定、规则制定、基础设施建设等方面，依循市场机制企业存在盲目性，需要科技中介机构来进行协调，使科技创新中企业科技创新与政府目标相协调。二是加强创新执行主体的定位。通过中介机构的信息沟通和组织协调，研发机构、高校和企业可以降低获取资源的成本，明晰自身的优势和定位，不会盲目向其他领域和环节延伸，而更专注于发挥自身优势，强化协同创新。三是优化创新环境。提供专业服务是科技中介机构的主要功能之一，包括信息交流、咨询服务、中试、产品设计等，降低科技创新的风险；并且作为政府与市场、创新主体间的中介，为科技成果、人才、资本提供了交易平台，优化了信息传递、资源配置的环境。

7.2.3.2 通过科技体制改革释放中介机构活力

科技中介机构作用发挥中政府的功能定位：根据科技体制改革的要求，企业在技术创新中的主体地位得到强化，市场对技术研发中的资源配置起导向作用，因此面向产业化的科技创新需要市场主导科技中介机构，实现科技中介机构由政府选择向市场选择演变。政府推动科技中介机构的成立、发展应以市场需求为导向，市场需求由研发机构、高校和企业对科技创新中介服务的需求来体现，由中介机构的服务对象来对中介机构进行选择。基于降低交易成本、提升科技创新效率的动机，科技创新执行主体支付相应的费用，从科技中介机构获得相应的服务。政府部门与科技中介机构间减少上下级的管理关系，变为购买服务等雇佣关系，也可以通过政策制定、资金支持等方式引导科技中介机构的行为，但最终这种关系需要基于契约的平等和自愿。

相对于政府选择，市场选择的科技中介机构在成立、发展和解散过程中都具有一定的灵活性，并且资金来源将从单一的政府资金转变为多元的政府资金、企业资金等。市场选择的科技中介机构在数量上将更多，所提供的服务将更贴近于市场需求，更具市场活力。

产业转型升级过程中，企业对技术创新的需求增加，研发机构和高校面向产业化的科技创新动力增强，对科技中介机构的需求也呈现出多元化和高标准的趋势。在科技中介机构转型发展过程中，政府不能依然不"松手"，也不能突然"松手"，政府需要加强完善监督机制，科技中介机构自身需要加强自律，增强能力，完善运行机制建设，逐步减少对政府的依赖，形成以市场为导向、遵循科技创新规律的独立中介服务机构。政府在此过程中，先逐步减少行政干预，通过制度和政策的制定予以规范，然后再逐步减少资金支持，当然对于政府购买的服务，依然需要政府提供资金，但性质已变为雇佣关系。

7.3 明确政府边界，改进投入方式

科技创新投入更应关注效率而非公平。市场机制在资源配置中具有良好的效率属性，因此在国家创新体系内发挥着基础性作用，而面对市场失灵的领域和环节，则需要政府发挥作用。政府在科技创新中的定位、政府进行科技投入的原则和方式是本部分重点关注的内容。

7.3.1　把握政府科技投入的流动路径

国家创新体系中资金供给的来源主要是政府和市场，这些资金在国家创新体系内的流转主要是为了满足三个方面的需求：政府需求、市场需求和科研需求，这三种需求具有各自典型的特点，比如，用于国防的科技创新需求是典型的国家需求，企业用于生产经营的科技创新需求是典型的市场需求，对基础学科的自由探索则是典型的科研需求。

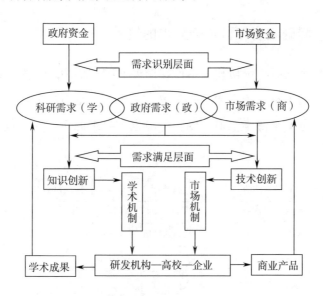

图 7 – 3　政府科技资金流动路径图

如图 7 – 3 所示，市场资金主要用于满足市场需求，由于市场资金具有一定的盲目性和分散性，仅通过市场资金来满足行业共性技术研究存在不足，而且关系到国家的产业竞争力，因此需要部分政府资金的支持。相应地，科研需求和政府需求主要依靠政府资金予以满足。资金在国家创新体系内流转分为两个层面，一个层面是资金对应需求，即需求识别层面；另一个层面是资金在供给方流转，即需求满足层面。在需求识别层面，政府资金通过行政机制予以分配，市场资金则通过价格机制予以配置；在需求满足层面，科研需求的满足通过学术界内部机制来实现微观层面的资金配置，市场需求的满足通过市场机制进行资金配置，前者可以用知识创新来表示，后者可以用技术创新来表示。对于国家需求，如果属于知识创新，则通过学术机制配置资金用于需求满足，如果属于技术创新则通过市场机制来满足需求。

各类需求间并非完全"泾渭分明"，而是存在部分交叉，如关键领域和行业的共性技术，虽然是市场需求，但也关系到国家竞争力，并且无法仅通过市场来满足。

7.3.2 明确政府在科技创新中的边界

科技创新承受需求拉动和供给推动两方面的作用力，并受到创新环境的影响。需求拉动来自三个方面，一是政府需求，二是市场需求，三是科研需求；供给推动主要来源于政府，创新环境也主要来源于政府，包括文化、制度、法律等。

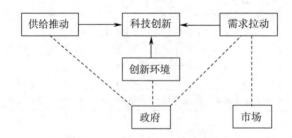

图 7 - 4　科技创新投入中政府定位图

由此可见，政府通过需求拉动、供给推动和环境创造来促进科技创新。市场对科技创新的需求源自企业，面对市场竞争，企业需要通过科技创新提升创造价值和获取价值的能力；政府对科技创新的需求来自国家目标，包括经济平稳发展、国家安全等；科研需求来自学术界，源自对知识的自由探索。

政府推动作用在于通过资金支持等方式，分担科技创新中的风险，促进科技创新执行主体积极投入科技创新活动。科技创新环境的创造是指政府通过提供法律制度、人才教育、基础设施等条件，降低科技创新的成本和风险。政府在科技创新中的作用目标为影响科技创新的速度、规模，缩短科技创新中创新投入与价值实现间的时滞，加快科技成果从潜在生产力向现实生产力转化。

7.3.2.1　明晰科技创新供给和需求

通过分析政府科技投入过程的行为发现，科技创新的供给和需求受到干扰，其均衡状态并非具有效率的状态，原因在于需求并未真实地反映至供给端，供给端的行为因政府的相关激励行为脱离了需求引导的轨道。可以通过政府与市场的需求供给来分析目前政府的定位。

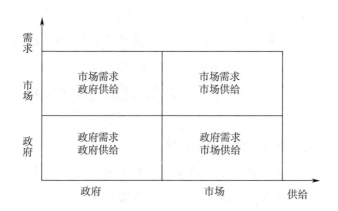

图7-5　政府与市场关系分析图

创造科技创新环境是政府必要的职能定位之一，除此之外，科技创新供给和需求中的政府定位是政府和市场边界的具体表现。

根据供给方和需求方不同，可将科技创新的需求和供给划分为：政府需求政府供给、政府需求市场供给、市场需求市场供给、市场需求政府供给四个象限，事实上，政府需求市场供给的情况较少。目前政府定位的矛盾集中于，政府需求政府供给的范围侵占了市场需求市场供给的区域，而与市场需求政府供给间存在空白地带。

出现这种情况的原因在于政府和市场间的需求模糊，政府具有较强的模式划分话语权，最终演变为市场需求异化为政府需求，事实上政府在此过程中充当了市场需求代理人，而政府影响下的科技供给又无法满足市场需求，政府定位的偏差造成资源配置的无效率。

在完全信息对称情况下的自由市场中，价格机制使供需处于有效的均衡状态，而在非对称信息博弈的情况下，专业化的出现使供需双方之间出现了代理方，代理方仅仅获得委托人的决策权。在市场机制下，产品需求方是产品获取方，同时也是资金的提供方，产品供给方是产品的生产方，也是资金的获取方。

在科技创新领域，除信息不对称外，由于科技创新的高外溢性和高风险性，在科研需求以及政府需求和市场需求的交叉地带，政府对科技创新进行投入，这部分投入除满足政府自身需求外，还用于满足科研需求和市场需求。因此，科技创新的需求方和资金供给方出现分离，政府作为科技创新需求的资金供给方，进而获得了科技创新需求的管理权，与科技创新的需求方形成了委托代理关系。

7.3.2.2　合理界定政府角色与边界

政府对科技创新需求代理权的取得并非来自需求方的委托，而是来自政府资金的投入，但委托代理关系的形成需要以专业化为基础，但政府部门在科技创新需求管理方面并不具备专业优势，因此政府在科技创新中的边界需要重新界定。在单纯的政府需求区域，作为需求方和资金供给方，政府可以管理自身科技需求，不存在代理方；在学术需求领域，政府仅作为资金供给方，需求方来自学术界，政府将原有代理方的职能让渡给具备专业性的机构；在政府需求和市场需求的交叉领域，政府进行一定的资金投入，并将现有代理方的职能让渡给具备专业性的独立机构，仅作为资金提供方存在。

综上所述，科技创新中政府的定位首先是创新环境的营造者，其次是科技创新需求者和科技创新资金的供给方。政府作为科技创新的需求者需要能够正确认识自身的科技创新需求，并合理识别市场需求（技术创新）、科研需求（知识创新）以及其中的交叉地带，做好需求管理；作为资金供给方，政府以创新环境营造者和科技创新需求管理者的定位分配资金，减少对科技创新执行环节的资金配置。合理定位政府边界，规范政府的行为，让科技创新的供给回归至满足真实需求的轨道。以科技创新的服务者、科技创新的需求者和科技创新秩序的维护者的身份参与到科技创新中，发挥政府在科技创新中的作用。

7.3.3 梳理和优化政府科技投入方式

投入方式是影响政府科技投入效果的重要因素，在整个创新体系中，各主体的目标函数和面临的风险不同，不同的投入方式将对各主体产生不同的激励作用。需要认清各主体的目标，围绕外溢性和风险性问题来优化政府科技投入方式。

7.3.3.1 行为主体的目标识别

政府职能部门在进行科技创新投入的过程中呈现出项目化倾向，这种倾向背后的原因有两个：一是微观项目的管理便于寻租，二是工作成果可以在短期内显现，便于度量。在此动机下，投向企业的资金倾向于流向大中型企业，政府行为效果显性化，支持大企业风险有兜底，相对于中小企业，大企业即使未研发成功也可以通过其他已有的成果来应对考核。在科技创新存在高风险性的共识下，项目承担的主体容易出现道德风险，这些资金的投入并不能激发企业进行科技创新的积极性，反而激励企业将注意力转向项目申请，而非项目执行，政府资金最终转化为企业的利润，而非通过科技创新带来成果转化，进而提高企业盈利能力。后补助的方式是提升科技创新的收入预期，并不能降低科技创新本身的风险，也无法分担科技创新主体的风险，是锦上添花而非雪中送碳。

总价值 = 成果产出概率 × 成果转化能力 × （创新主体价值创造 + 外溢性价值）

表 7 - 1   科技创新主体的行动目标表

主体	目标设定	风险点
国家	科技创新的总价值	
高校和研发机构	直接关注的是科技创新能否有效产生成果	研发风险
企业	作为成果应用主体，直接关注的是成果能否实现价值转化； 作为创新主体，直接关注科技创新能否能够产生成果	研发风险、成果转化风险、价值获取风险

注：科技创新所产生的价值中各行为主体的占有能力是间接关注的对象。

从国家的角度看，最终关注的是科技创新的总价值，科技创新主体关注的是科技创新能否有效产生成果、成果能否实现价值转化、科技创新所产生的价值有多少可以由科技创新主体占有。在创新体系中，研发主体直接关注的是科技创新能否有效产生成果，成果转化主体直接关注的是成果能否实现价值转化，而科技创新所产生的价值中各行为主体的占有能力则是间接关注的对象。政府科技投入对供给端的作用是直接作用于创新主体，分担研发风险和成果转化风险，对消费端的影响是降低成果转化风险和增加可获取价值。科技创新主体的投入回收往往在创新成果转化并经过市场检验之后，成果转化能力不足将阻碍科技创新投入回收。

7.3.3.2　选择恰当的投入方式

为实施创新驱动战略，政府进行科技投入需要提高科技创新供给规模和效率，以满足科技创新需求。为提高政府科技投入效率，面对科技创新高风险和高外溢性的特点，政府需根据自身定位，从外溢性补偿和风险管理两个层面来选择适当的投入方式。

（1）外溢性补偿。进行外溢性补偿的前提是进行需求识别，分清哪些是共性需求，具有较高的外溢性。进行外溢性补偿的方式有两种：一种是降低外溢性。提高科技创新的投入主体获取科技创新价值的能力，比如，用于面向市场需求的科技创新投入，得到市场承认，实现市场价值，由于外溢性的存在，投入主体获取科技创新所带来的市场价值份额有限，那么通过加强产权保护来保障创新投入主体获取市场价值的能力。另一种是进行外溢性补贴。对无法进行产权保护，或者即使通过产权保护依然无法保障创新主体获取市场价值的科技创新，需要通过政府资金来补偿外溢性，比如面对知识创新无法进行产权保护，如共性技术，在进行产权保护的情况下，通过市场依然无法获得充足的资金供给，这就需要政府予以资金补贴。

表7-2　　　　　围绕"外溢性—风险"的政府科技投入作用表

	作用类型	内容
外溢性	降低外溢性	知识产权保护，提高科技创新的投入主体获取科技创新价值的能力
	外溢性补贴	在进行产权保护的情况下，通过市场依然无法获得充足的资金供给，政府予以资金补贴
风险	降低风险	通过改善外部创新环境来降低科技创新风险
	转移风险	直接投向某一科技创新项目，将项目原有投入主体的风险进行转移

（2）降低风险和风险转移。科技创新的风险是其内在属性，风险的高低受外部创新环境的影响，包括国家政策、基础设施、信息条件、人才状况、创新成果流通条件等。政府资金应通过改善外部创新环境来降低科技创新风险，政府资金仅直接投向某一科技创新项目，并不能降低该科技创新项目的风险，仅仅是将该项目原有投入主体的风险进行了转移。政府科技投入效率低的原因之一是政府将注意力放在了科技创新风险的转移上，而非科技创新风险的降低上，需要通过政府投入加强科技创新环境的改善，进而提高政府科技投入效率。

表7-3　　　　　　　　政府科技投入方式分类表

划分标准	投入方式	作用
投入对象	创新环境投入	降低风险、降低外溢性
	创新活动投入	风险转移、外溢性补偿
投入时间	事前投入	风险转移、外溢性补偿
	事后投入	外溢性补偿
投入程度	全额投入	主要用于外溢性很强，无法从市场获得资金和价值的科技创新活动
	差额投入	针对本身可以从市场上获得资金，但投入不足的科技创新活动

续表

划分标准	投入方式	作用
管理主体	政府直接管理的投入	政府部门直接管理资金，一般应用于国家重大科技项目，面向政府需求
	专业机构管理的投入	专业机构管理的投入是将政府资金委托给专业机构，用于科技创新活动投入的管理

注：投入对象和投入时间决定政府科技投入的作用，投入程度和管理主体决定投入方式的试用对象。

从投入对象看，政府科技投入可分为创新环境投入和创新活动投入。创新环境投入主要应用于宏观层面，用于基础设施、信息平台、人才培养等方面的建设，来降低科技创新的风险；创新活动投入主要应用于微观层面，用于外溢性补偿和风险分担。

针对政府科技投入，根据投入时间、投入程度和管理主体可进行如下分类：事前投入和事后投入、全额投入和差额投入、政府直接管理的投入和专业机构管理的投入。事前投入不能降低科技创新活动的风险，但可以转移风险。事后投入并不能转移风险，因为只有科技创新活动成功后才能获得政府投入，因此只能用于外溢性补偿。全额投入是指科技创新活动的资金全部由政府承担，因此主要用于外溢性很强，无法从市场获得资金和价值的科技创新活动，知识创新和共性技术创新是典型例子。差额投入则针对本身可以从市场上获得资金，但投入不足的科技创新活动。政府直接管理的投入是指政府部门直接管理资金进行项目投入，一般应用于国家重大科技项目，面向政府需求；专业机构管理的投入是指将政府资金委托给专业机构，用于科技创新活动投入的管理。

政府科技投入方式的选择要针对科技创新活动的需求，不管采用哪种方式，都不能因为政府科技投入而改变科技创新执行主体的行为动机，如果因为政府投入方式的错误选择，将本应以市场价值获取为导向的技术创新引向以获得政府资金为导向，则会异化科技创新主体的行为，造成资源的浪费。

7.4 明晰政府间关系，划分央地责任

2007 年以后，中国地方政府的科技投入已超过中央，至 2013 年中央和地方政府科技投入的占比分别为 45.69% 和 53.41%，如果仅考虑民口支出，地方的比重将更高。通过前文对政府行为的分析发现，中央和地方现有的政府间关系影响了资源配置效率，需要通过对科技创新领域中政府间关系的调整来实现政府科技投入效率的提升。

7.4.1 科技创新领域中的政府间关系

中国在政治上是"集权主义"，而在经济上存在分权，尤其在财政上也存在分权。在科技创新领域，同样为政治集中和经济分权，中央和地方政府拥有相应的决策权，比如根据《科技进步法》，"国务院科学技术行政部门负责全国科学技术进步工作的宏观管理和统筹协调，县级以上地方人民政府科学技术行政部门负责本行政区域的科学技术进步工作"，在科技领域，各级政府责任的区别仅在于区域范围的差异。地方政府在科技创新政策制定和资金配置中有相当的话语权，与此同时，政治上中央对地方较为强势，因此中央有足够能量调动地方的积极性，这在经济领域已有很好的体现。

科技领域内的政府间关系调整是自上而下的，需要逐步转向中央与地方的分工合作关系，而非决策和执行的关系。科技创新是自上而下推动的，中央比地方政府更具有意识，虽然随着财政和经济分权的进行，地方政府具有一定的决策权，但在改革开放初期，地方政府的注意力在于经济，并不关注科技创新，仅仅是"中央决策，地方执行"的模式。

随着经济转向"新常态"，区域经济发展需转向创新驱动，地方政府科技创新投入的增速高于中央政府，一定程度上说明地方政府已经意识到科技创新投入对区域发展的作用，同样也说明地方经济转型升级对政府科技投入的需求在增加。因此需审视地方政府进行科技创新投入的动力，为科技创新领

域政府间关系的调整做准备。地方政府进行科技创新投入有四种动机：一是地区发展需求，主要是满足产业需求，推动地区经济发展；二是资源竞争，为上级政府的相关资源进行政府科技投入；三是应对上级政府考核，规避惩罚；四是维持科技体系运转，政府保障必要的科技投入用于维持相关科研机构运转，保持区域创新体系的相对完整性。

地方政府进行科技投入的行为和方向存在差异。仅满足学术探索类的知识创新往往离产业化较远，这部分投入往往需要中央政府予以投入，地方政府没有投入的动力，也是地方政府的"次优选择"。中国各地区经济发展水平和科技创新资源存在较大差异，因此地方政府进行科技创新投入时的动机也不相同。经济发展水平较高、科技创新基础较好的地区，产业对科技创新的需求较多，政府科技投入易达到产业升级、经济发展的预期，地方政府可以从中获得相应的收益。产业相对落后、科技创新基础较差的地区，产业对科技创新的需求较少，政府科技投入能够带动的社会资源较少，实现科技创新带动产业发展的预期较难实现，这些地区的地方政府更愿意投向高校或研发机构用于基础研究或应用研究，将其作为"次优选择"，从另一层面体现政府绩效。

由政府间关系不协调导致政府科技投入效率不足的原因在于：虽然目标明确，但激励不相容，导致中央和地方行动不连贯、不协调，中央和地方在重复支出的同时存在投入空白地带，造成资源配置效率低。既然中央政府能够调动地方政府的积极性，那么在进行顶层设计时需要注意到科技创新对政府间关系的要求，中央科技政策、中央科技资源配置以及中央对地方政府的考核均能够影响地方政府的科技投入行为。为提高政府科技投入效率，政府间关系需要在实现强化中央政府统筹协调和规范引导作用的同时，充分调动地方政府的积极性。

7.4.2 划分中央与地方在科技投入中的责任

为满足政府科技投入效率的要求，科技领域政府间关系优化的关键在于中央和地方的定位。中央和地方在科技创新中的定位，需要服从国家创新体系和区域创新体系的关系，区域创新体系是国家创新体系的子单元。国家创新体系和区域创新体系都服从于科技创新的本身属性——高风险性和高外溢性，因此分担和降低创新风险、处理溢出效应是创新体系建设必须完成的任务，也是政府科技投入效率提升绕不开的话题。

如前文所述，政府间关系是政府进行资源配置的重要影响因素，而第5章的实证研究显示现有的配置机制影响了政府科技投入效率，因此从提升效率效率的角度需要研究中央和地方在科技创新中的定位。

在"降低风险—分担风险—转化外溢性—引导行为"的模式下，一方面需处理风险问题，另一方面需应对外溢性的影响。首先要分清中央和地方政府各自的需求，在需求明确的基础上进行责任划分，进而形成合理的分工。如果责任是不符合地方需求的，仅依靠中央去强行推动执行，即使责任明确，地方也会选择性地执行。在责任划分时除考虑需求，即"要不要"的问题外，还需要兼顾"能不能"，应对确实需要而供给能力不足的情况。

创新风险的降低需要营造创新环境，创新风险的分担需要支持创新活动，外溢性的转化需要产权保护和外溢性补偿。产权保护可以归并入创新环境，通过法律法规、国家规划和政策、基础设施和信息平台建设的手段予以实施，外溢性补偿和风险分担可以归为一类，通过政府资金支持的手段予以实施。

国家层面的创新环境营造和外溢性补偿由中央负责，按国家创新体系建设和创新驱动的要求做好全国的科技战略规划，在知识产权保护、交易规则等方面制定统一的法律框架，建设全国统一的科技市场基础设施和信息平台，更多地对宏观政策和基础性研究项目进行支持。区域层面的创新环境营造和外溢性补偿由地方负责，按照区域创新体系建设的要求做好地方的科技发展规划，负责地方科技基础设施建设和信息平台，按照地方科技发展的要求因地制宜地制定激励市场主体创新的政策，更多地对市场化和产业化科技项目进行引导和支持。

责任的划分是为了能够形成合作，对于中央需要但独立完成有困难，或者地方需要但又无法独立完成的区域，需要中央和地方合作。从本质上看，国家创新体系是由区域创新体系构成的，政策的落实需要地方政府的配合，区域创新体系无法完全独立于国家创新体系，国家创新体系的优化也有利于地区创新体系。

中央和地方的合作体现在以下三个方面：一是中央制定的政策应当有利于地方科技创新需求的满足，形成上下联动的局面；二是中央和地方共同承担的投入，需定位主要收益方和主要需求方，结合管理水平来确定主导方，在此过程中可以探索共同基金、后补助、联合购买服务等方式；三是地方本区域的事权履行需结合本地实际需求和情况，但总体方向上与中央保持一致。

如前文所述，各地区经济发展阶段和科技基础不同，科技创新行为也不同，在探索政府间关系的过程中不能"一刀切"，地方应根据自身情况进行定位，中央也应根据各地区的情况有区别地调动积极性。科技投入需体现"效率优先、兼顾公平"的原则。对于东部发达地区，应引导其产业前瞻性布局；对于中部地区，要发挥其后发优势，助推产业高端发展；对于西部地区，应根据其产业基础和发展战略定位，提升特色优势产业，主要通过科技人才倾斜、科技对口扶持、产业共性技术帮扶等方面促进其科技资源的引进和共享。

7.5　本章小结

本章从科技创新需求着手，以行为分析为手段，以科技体制为载体，探索政府科技投入效率的提升路径：明确政府的作用，在科技体制改革中理顺政府和市场的关系、中央和地方的关系，激发高校、研发机构和企业的活力，发挥中介服务机构的作用，这一路径实现的起点是合理分工，而终点是密切合作，"分工与合作"是效率提升路径的核心与关键。

（1）政府科技投入的目标、方向和效率提升整体路径

政府进行科技投入的目标在于：一方面带动私人资本投资，保障全社会科技投入的规模；另一方面在保障资源投入的同时，政府科技投入要实现国家创新能力的提升。政府进行科技投入需要把握三个方向，一是对科技创新过程中的外溢性问题进行处理，包括降低外溢性和外溢性补贴；二是降低和转移科技创新的风险；三是营造创新环境，创新环境营造是综合处理外溢性和风险问题的重要方向。

政府科技投入效率的提升需要发挥政府的主导作用，发挥市场配置科技资源的决定性作用，发挥企业在技术创新中的主体作用，发挥研发机构和高校进行知识创新的基础性、引领性作用，为创新驱动战略的发展提供保障。

（2）政府的边界

科技创新中政府的定位首先是创新环境的营造者，其次是科技创新需求者和科技创新资金的供给方。政府作为科技创新的需求者需要能够正确认识自身的科技创新需求，并合理识别市场需求（技术创新）、科研需求（知识创新）以及其中的交叉地带，做好需求管理；作为资金供给方，政府以创新环境营造者和科技创新需求管理者的定位分配资金，减少对科技创新执行环节的资金配置。

从投入对象看，政府科技投入可分为创新环境投入和创新活动投入。创新环境投入主要用于降低科技创新的风险；创新活动投入主要用于外溢性补偿和风险分担。针对政府科技投入，根据投入时间可划分为事前投入和事后投入，事前投入不能降低科技创新活动的风险，但可以转移风险，事后投入可以提高收入预期，但并不能转移风险，因为只有科技创新活动成功后才能获得政府投入，因此只能用于外溢性补偿。

合理定位政府边界，规范政府的行为，让科技创新的供给回归至满足真实需求的轨道。以科技创新的服务者、科技创新的需求者和科技创新秩序的维护者的身份参与到科技创新中，发挥政府在国家创新体系中的作用。

（3）中央与地方的关系

在"降低风险—分担风险—转化外溢性—引导行为"的模式下，一方面需处理风险问题，另一方面需应对外溢性的影响。政府间责任的划分是为了能够形成合作。中央和地方的合作体现在以下三个方面：一是中央制定的政策应当有利于地方科技创新需求的满足，形成上下联动的局面；二是中央和地方共同承担的投入，需定位主要收益方和主要需求方，结合管理水平来确定主导方，在此过程中可以探索共同基金、后补助、联合购买服务等方式；三是地方本区域的事权履行需结合本地实际需求和情况，但总体方向上与中央保持一致。

（4）激发科技创新行为主体的活力

根据各行为主体的优势、需求和动力，为提升政府科技投入效率，各行为主体的定位如下：高校发挥其在知识创新、自由探索中的优势，为技术创新提供知识储备和支撑；研发机构发挥其在专业领域内的科研优势，面向行业共性技术，以市场需求为最终目标，以科技成果的产业化为导向；大型企业发挥市场需求信息优势和专利积累的技术优势，在以市场为导向的技术创新中发挥骨干作用，中小型企业发挥自身对市场的敏感度和机动灵活的特点体现创新活力。在科技创新执行主体定位准确的条件下，通过服务和咨询模式、成果转让模式、合作科研模式、科技创新基地模式等形式促进产学研协同创新，一方面降低科技创新各环节的信息不对称，降低科技创新的盲目性，另一方面融合各创新主体的优势，调动各创新主体的积极性，降低科技创新成本，提高科技创新效率。推进科技中介机构的发展，政府需要加强完善监督机制，科技中介机构自身加强自律，增强能力，完善运行机制建设，逐步减少对政府的依赖，形成以市场为导向、遵循科技创新规律的独立中介服务机构。

8

创新科技体制、提升投入效率的
相关建议

"要坚持走中国特色自主创新道路，实施创新驱动发展战略"，创新驱动战略的实施需要依靠科技创新，使科技创新成为发展的主动力，提高科技创新对经济和社会发展的贡献。政府在创新战略实施中起着重要作用，中国政府科技投入经历了高速增长并已达到一定规模，但其作用并未跟上规模的增速，因此提高政府科技投入效率尤为重要。在政府科技投入效率提升路径的基础上，本章从组织结构、投入机制和法律体系三个方面提出实现效率提升的关键措施和建议，以更好地发挥政府作用、激发全社会创新活力。遵循"以需求为导向""遵循科技创新规律"两项原则，"以需求为导向"，促进科技创新转化为生产力，使科技创新与经济社会发展相融合；"遵循科技创新规律"，为科技创新创造良好的环境。

8.1 理顺行政组织框架，深化体制改革

政府、高校、研发机构、企业、中介服务机构等组织是实施创新驱动战略的载体，调整组织结构、理顺组织关系是科技创新领域深化体制改革的关键，也是提升政府科技投入效率的必要举措。

8.1.1 依托咨询委员会强化需求识别

科技创新面向需求，使需求管理成为政府的重要职能，由政府主导而非由政府决策，即由政府进行组织、协调，让科技创新需求的各方都参与到需求管理工作中，扩大科技创新需求方的话语权，针对技术创新尤其要强化企业界（产业界和经济界）的话语权，针对科学研究尤其要加强学术界的话语权，为科技创新需求提供传递渠道。

中央层面针对中央财政科技计划成立的战略咨询与综合评审委员会，一定意义上是科技创新咨询委员会，在此基础上强化对科技创新的需求识别，该委员会的委员来自学术界、产业界和经济界。

中央和省一级成立相应的科技创新咨询委员会，由各级科技体制改革和创新体系建设领导小组直接领导，为科技联席会议提供咨询。科技行政部门负责组织协调科技创新需求的收集和整理，形成需求报告提交科技创新咨询委员会。科技创新咨询委员会为相应层级和区域的科技创新需求提供咨询和评议，根据需求统筹政府科技投入预算、决算的编制、审查和评议，提出建议和意见。学术、经济和政府三个方面的科技创新需求存在共性，而又有所偏重。在科技创新咨询委员会中下设若干专门委员会，分属各个领域，针对各自领域内的重大科技创新需求进行审查和评议。

通过设立科技创新咨询委员会，增加企业界和学术界在国家和地区科技创新决策中的话语权，参与制定国家和地区创新战略、规划和政策，发挥产业界和经济界在技术创新决策中的作用，发挥学术界在科学研究决策中的作用。

8.1.2 划定政府边界，根据权责对等原则规范部门事权

摒弃将政府作为科技创新管理者的理念，由管理转向治理与服务，政府首先是创新环境的营造者，服务于全社会科技创新活动，其次是科技创新需求者和资金供给方，参与科技创新活动。通过简政放权，通过实施负面清单，

简化和规范审批程序，减少资质认证和审批，降低转入门槛，降低审批损耗。政府将重点放在宏观层面，做好规划和政策制定，提高科技创新领域公共服务质量，提高监管效率，将事前准入审批转为事中和事后监管、评价，前提是制定好准入标准，如环境保护和安全生产的标准，做好引导。

政府职能由微观转向宏观的重要措施为：将原来散布于政府部门内的科研项目依托专业机构进行管理，政府部门不直接管理项目。考虑到目前中国专业机构的现状，政府不能一下放手，而是要加快培育和协助专业机构成长，并逐步减少对专业机构的干预，在专业机构间形成竞争，并完善对专业机构的选择、监督和评估。

根据科技创新领域政府部门的权力，匹配相应的责任，执行公权力所需的责任与承担责任所需的权力相统一，在赋予政府部门职权的同时，也要规定相应的责任，实现权责一体化，这可以通过问责和监督进行相关探索。

对于政府完全投入或主导的科技创新项目，探索项目官员制①。项目官员制是指将以往由多部门、多环节、多目标、多头管理构成的项目管理流程统一到制定项目的总目标之中，由独立的项目官员作为该项目实施的总负责人和执行人，以项目合同书的形式确定项目官员的责、权、利，由项目官员负责对项目进行全程策划、监控、管理、协调，并对项目终极目标的完成情况负责。

8.1.3　面向创新需求遵循创新规律，加速科研机构改革

转变科研机构与政府部门间的"隶属关系"为"契约关系"，避免政府过多参与科研活动的执行，使高校、研发机构的行为以创新需求为导向，遵循创新规律，面对市场需求就让市场机制发挥作用，面对学术需求就让学术机制发挥作用。

---

①　美国高级计划研究局（DARPA）采用了项目官员制，运行过程中项目官员轮换制和项目淘汰制起到了良好的作用。

在科技创新领域，政府不应作为高校和研发机构的"东家"而存在，应改变政府管办一体的组织结构，落实科研单位的自主权。给予科研单位在用人、职称评定和收入分配上的自主权，激发科研单位的创新活力。在减少政府直接管理科研单位，增加科研单位自主权的同时，也要剥离政府作为"项目发包人"的角色，摒弃政府直接或间接对项目进行决策。项目的决策交给专业组织或结构，这个过程中需要增加规范性，政府应制定好规则。比如农业部建立的"农业产业技术体系"较好地体现了公平、公开和自治等原则，该产业技术体系按农业品种划分研发中心，各个中心具有相当的自主权，在考核时，抛弃获奖、论文等，将对专家的考核锁定在解决产业的技术问题上。对于人员不是"因人设岗"，而是"按岗聘人"，五年聘一次。在人员选择上，采取提名人和推荐人分开、管人和管事分开的原则，由农业部提名 3 位首席科学家候选人，决策由同领域专家投票确定；首席科学家提名岗位科学家，由中国作物学会、中国植物病理学会等 15 家以及专业学术团体评估确定。政府（农业部、财政部）跳出项目管理，不再主持项目评审、检查和监督等职能，而是转向规则制定、程序设计和协调管理。监督的职能由监督评估委员会完成，该委员会由产业部门牵头。

落实自主权的同时也要强调责任，尤其是针对目前中国科技创新以课题为主要形式的情况，2013 年研发机构课题经费占 R&D 内部支出的比重接近 70%，这一指标在高校中更高。在这种情况下，简单的科研机构改革，仅仅是将来自政府的行政管理"紧箍咒"去掉，但是决定其资金来源的指挥棒也亟须调整，这两方面需同步进行。政府不直接管项目，课题的分配权从政府部门剥离后，也不能仅简单推给"专家"，这种松散的组织会造成集体避责，无人承担责任。赋予权力的同时缺少责任，将造成课题在专家间内部分配或者寻租行为，由"跑部委要课题"转为"跑专家要课题"。

面向技术创新的科研机构可以探索企业化改制，对接产业，组建面向市场提供产业技术服务的研发集团。对其中从事基础性、战略性、前沿性的研究以及共性技术的团队，将其研究作为政府需求，政府给予资金支持，承担国家项目，也是政府购买服务的一种形式，无须设立新的政府研发机构。

8.2 完善科技创新支持机制，激发创新活力

在了解现有投入机制的基础上，依据科技创新需求、遵循科技创新规律，完善投入机制，转变管理方式、改革科技预算、加强信息平台建设、创新投入方式，激发各行为主体的积极性，提高政府科技投入效率，提高国家和区域科技创新能力，推动创新驱动战略的实施。

8.2.1 强化宏观引导，剥离微观管理

在需求识别的基础上，政府从微观项目管理中退出。宏观导向的体现分为两类，一类不需要资金投入，另一类需要资金投入。前者包括：科技创新顶层设计和体制构建；科技规划、战略；建设科技软环境，如法律框架、知识产权保护、交易规则、标准体系的制定和完善；科技创新和收益分配风险补偿机制构建；后者包括：科技基础设施建设，如大型实验室、信息平台等；直接为科技创新活动提供资金支持，如基础性、战略性、前沿性研究和共性技术研究；引导企业创新活动，如科技政策和投资倾斜，向竞争性行业提供必要的技术供给。

政府对科技创新活动的投入，在降低风险和外溢性补偿的原则下，根据需求作为资金的供给方，而不承担资金的具体分配和科技创新活动的具体执行。隶属政府的研发机构去"行政化"，改变过去政府科技资金投入与执行一体化的状况，转变为政府购买科技服务。投入主体与执行主体由传统的隶属关系转变为现代契约关系，让科技创新执行主体拥有自主权，使政府科技投入符合科技创新本身的规律。

科技创新项目的管理由专业机构承担，政府需要做的是对专业机构进行监管和遴选，完善评估机制。一是宏观层面由项目评估转向政策评估；二是微观层面项目评估中，分类评估、全过程评估和动态评估；三是购买第三方

评估服务；四是建立违规行为处理和信用规范机制。

政府通过简政放权去微观化，简政放权不是不作为，而是去微观，强宏观。降低政府管理科技创新的项目数量，不减少投入规模。政府科技投入与科技创新需求缺口相对接，尤其是对经济发展所需，但市场无法满足科技创新以及创新活动所需的公共产品，如基础条件、信息平台，加强科技创新领域的公共产品供给。

8.2.2　减少直接管理，强化监督管理

既要活力又要规范，政府应回到监督者的位置上，加强对科技创新领域内各主体行为的规范和监督，营造创新环境，提高公共服务质量，立足建设服务型政府。减少直接管理，意味着政府部门的管理权向创新团队进行让渡；政府应加强监督管理职能，建立合理的评估机制、透明的信息公开机制。

政府行政管理创新应向创新团队自我管理转变，在广泛征求行业管理部门和专家意见的基础上，牵头进行规则制定。对于具体创新活动的人员配置、资金分配等内容，只要是在规则允许范围内由创新团队自我决策，实行项目负责人制。

实行项目负责制的前提条件是完善监督机制，否则将出现"没有通不过的验收，没有完不成的项目"这类现象。绩效评估是监督管理的重要条件和内容，针对不同科技创新需求、不同投入方式和不同类型行为主体，应建立合理的评估体系。针对具有资金投入决策权的部门，应建立问责机制。针对资金使用单位，应根据科技创新规律和项目目标建立分类指导评估体系。针对政府部门，应强化上级监督、内部监督和社会监督。针对科技创新行为主体，应强化政府监督和社会监督。政府部门的上级监督和内部监督分别由上级部门和本部门负责，社会监督通过信息公开、第三方评价的方式进行，除保密项目外，所有政府科技投入经费投入额度、经费使用、项目进度、项目审计等实行对外公开，加大对科技经费使用过程中违规行为的处罚力度。政府部门对科技创新主体的监督可以探索通过政府购买第三方评价服务的方式

进行，由于目前第三方评价还不完善，需要通过政府的引导和市场竞争的方式进行培育，保障第三方评价单位的科学性和独立性，形成对监督体系建设的重要支撑。

8.2.3　加强信息平台建设，推进资源共享

建立项目平台、资金平台、设备平台、信用平台和成果平台，通过平台的建设推进资源要素信息的透明化。建设项目平台的目的是构建涵盖全国、统一的政府的资助科技创新项目数据库，使其成为协调和控制项目计划的基础工具；资金平台则以项目为载体，公布资金使用情况和会计审计情况，配合监督机制的建设，提高资金使用规范性；设备平台将使国家出资建设的仪器设备和基础条件设施对研发人员开放，提高利用率；信用平台则完善项目负责人资格、项目任务合同和接受评估评审行为的信用规范，建设科研信用体系，提高自我约束力；成果平台则构建科技创新成果的交易平台，推动科技成果转化。

信息平台为科技创新决策提供支持，为项目管理提供手段和工具。信息平台的建设可以覆盖科技创新的全流程，包括研发需求申报、研发资源管理、项目进度管理、项目资金管理、项目人员管理、成果备案和交易等。信息平台可以由科技部牵头组建，进行科技创新信息的整合，各行业管理部门、科研机构、科研人员、成果需求企业可以拥有相应的权限设置，比如，行业管理部门可以进行本行业内的信息管理和共享，科研机构可以进行本单位的研发项目管理以及科研项目的团队管理等。

8.3　推进科技领域法制建设，营造法制环境

《中共中央　国务院关于深化体制机制改革加快实施创新驱动发展战略的若干意见》要求："到2020年，基本形成适应创新驱动发展要求的制度环境和政策法律体系，为进入创新型国家行列提供有力保障。"科技创新领域的法

制建设是深化科技体制改革的制度保障，"法律是治国之重器"，科技创新中法律是规范科技事权、保护知识产权的"重器"，"良法是善治之前提"，不仅需要科学立法更要严格执法，确保法律的独立性、公正性和权威性，避免行政权力过度干扰科技创新主体的行为，降低科技创新的不确定性，减少科技创新的成本，尤其是交易成本，使科技创新行为主体形成稳定预期。

8.3.1 完善科技法律体系，加强制度保障

科技法律不健全、执行不到位是科技法律制度中的突出问题，比如目前中国依然没有明确的法律对各层级政府的事权和支出责任进行规范，也没有规范科技创新成果交易的法律。

制度环境的核心是法律制度，政府对科技创新活动的支持需要通过法律予以体现，各层级政府、各部门在科技创新领域的权责需要通过法律予以规范，完善科技创新法律体系，从宪法到预算法、税法、政府采购法、中小企业法、专利法等。

各级政府、各政府部门依据法律行使相应的权利，承担相应的责任。在法律制度保障下，给予高校、研发机构法人地位，加强目前隶属政府的研发机构进行有效监督、评估和问责，在监管中摒弃政府的行政评价。

落实责任：落实《科学技术进步法》，加强对政府执法的检查；促进成果转换：落实《促进科技成果转换法》，完善促进高校和研发机构进行成果转移的配套制度；明确法律地位：推动研发机构立法，明确研发机构的法律地位；科技资源开放：推动科技资源公开共享的法律制度，提高公共资源使用率。美国从1990年通过立法，实现科学数据公开与共享，这些法律包括《信息法》《版权法》等，规定除政府投资归政府所有、关乎国家安全、影响政府运行、涉及个人隐私的数据外，其余均纳入数据共享管理机制，数据的获取费用不高于数据复制和邮寄所发生的费用。除数据外，科研仪器设备的共享机制在美国也得以通过法律予以保障，国家实验室资源实现开放。在韩国，政府在加大对科研仪器设备和设施投入力度的同时，通过《合作研究开发促进

法》，政府投资建设的研发设施和设备向社会开放，包含从政府获得运营费用的科研设施和设备。

8.3.2　完善知识产权保护法，激发创新活力

明确和保护知识产权将有利于政府和市场的分工合作，保护科技创新行为主体的利益，促进科技成果的转化和应用，使政府在科技创新领域发挥引导作用，提高政府科技投入效率。

知识产权法是保障创新活动的重要制度。应完善知识产权保护法，构建有利于科技创新成果应用的法制环境，促进市场主体提高创新能力和创新积极性。目前中国在知识产权法律体系建设中的问题集中于：政出多门、标准不统一、部门事权模糊、产权界定不规范。应统一知识产权法律法规，解决知识产权保护权散落于各级政府和各政府部门中，各层级、各部门独立执法、执法标准不一的现状。

应完善知识产权保护，降低知识产权侵权行为的追责门槛，合理制定侵权赔偿标准，建立惩罚性赔偿制度。只有进行知识产权保护才能激发私人资本进行科技创新投入的动力，在完善立法的同时，也要着力解决执法中的障碍。

在法律框架下，完善知识产权权力维权机制，明确权利人的举证责任。在完善知识产权保护法的同时，发挥知识产权法院的作用，尤其是随着全面深化改革推进统一市场建设，知识产权保护要破除地方对侵权行为的保护，探索跨地区侵权案件的异地审理机制。知识产权综合行政执法与司法相衔接，建立知识产权维权援助体系，将知识产权的侵权行为纳入公民和法人主体的信用记录中。例如，日本通过《公立大学法人法》《科研机构法人法》《技术创新法》《国家技术转让促进法》《大学技术转移促进法》等，保障大学和科研机构的自主权，促进大学及国立研究机构向企业转移技术成果；美国的《拜杜法案》为知识产权提供法律保障，在各科技创新主体合作开展研发活动前，可以通过商业合同模式形成契约，对政府资助的科技创新成果产权归属

问题，以及各方应取得的权利进行明确的规定和安排。

8.4 优化财政投入，实现效率和规模双提升

8.4.1 遵循科技创新规律，改革科技预算

科技规划应与财政科技预算相协调，若科技规划的中长期性和预算编制的年度性存在不协调，应借助财政中期规划进行协调。

实施中期财政科技规划的关键点：一是根据国家科技发展战略规划和科技政策，建立相应的财政科技中期规划，并分解为年度目标，配备绩效指标，每年可以进行绩效评价；二是进行财政中期规划，编制中长期财政科技预算方案，要实现对年度预算的约束性，中长期财政科技预算方案本身要具备战略性、前瞻性和长期性；三是与预算评价相结合，实施跨年度科技预算绩效评价。

部门间统筹协调的关键点在预算统筹，预算要与科技需求相衔接，财政部门和科技部门要通过科技预算的细化方案来实现部门间统筹。

资金的使用应与创新需求相匹配，调整资金多而散的局面，资金的分散造成人员分散、项目分散，科技创新环节不连贯。财政部与行业管理部门相结合，根据行业特点进行财政科技预算，避免行业科研分散于多个部门，无法形成合力。

8.4.2 创新投入方式，提高政府资金效能

消除政府直接支持科技创新执行主体就可以推动科技创新的思维，针对不同需求，应采用适当的科技资金投入方式。

针对产业化和市场化较远的理论研究，主要面向科研需求，依然需要通过直接投入的方式予以支持。对于可以产业化但具有高外溢性的科技创新需求，可以通过政府购买服务的方式进行投入。对于具有市场化前景，但由于

风险和外溢性存在，私有资本投入不足的科技创新需求，政府需要通过补贴的方式进行，但这类资金的方式不能单一化，不能仅仅以项目的形式进行直接补贴。政府补贴并不能降低科技创新本身的风险，只是进行了创新风险的分担和外溢性补偿。因此，可以通过参股、担保、贴息、创新券、服务资助等方式进行。

对于面向市场需求的科技创新，不管是事前补贴还是事后补贴虽然都对行为主体有激励作用，但同时副作用也较大。事前补贴过早虽分担了风险，但会激励部分行为主体追逐项目申请，偏离市场需求；事后补贴则增加了科技创新的预期收益，激励行为主体申报已有的各种成果，因为创新失败是无法得到补偿的。

参股和担保的方式可以在全过程中分担创新风险，贴息可以降低创新的成本，这三种可以从供给端提高政府资金效能；创新券的方式将资金用于科技创新的消费端，刺激需求，让市场对创新成果做出选择；服务资助可以降低科技创新过程中，尤其是成果转化中的成本。

8.4.3　通过基金会形式推动部门改革，用好增量盘活存量

在剥离政府微观管理科技项目的基础上，对原来散落于政府各部门的资金配置权进行整合。通过探索基金会的形式，破除部门利益，基金会的成立由科技综合管理部门科技部和资金管理部门财政部牵头成立相关基金，具有科技创新需求的行业管理部门参与其中，形成对政府科技资金的综合配置。通过制定相应法律法律规范基金运行，设立基金管理委员会及相应组织架构。

未来新增加的科技资金依据国家科技重大专项、国家自然科学基金、国家重点研发计划、科技创新引导基金、基地和人才专项等渠道进入相应的基金会管理范畴，通过整合流量资金，盘活留存于各部门的存量资源。

8.4.4　在完善体制和机制基础上，进一步增加投入

在保证政府科技投入效率的前提下，进一步增加政府科技投入。从国际

上看，中国政府科技投入在全社会科技投入中的比重并不高，低于美国、英国、法国、德国等国家，中国目前正处于经济转型期，需要依靠创新驱动经济发展。目前科技体制机制成为效率提升的重要阻碍，因此需要通过深化体制改革破除这一障碍，在理顺体制和机制的基础上，进一步扩大政府科技投入规模，尤其是增加基础研究的投入，为原始创新、集成创新和引进消化吸收再创新奠定基础。未来政府科技投入规模的扩大，其重点是营造有利科技创新的市场环境，使科技创新风险降低，并减弱外溢性的不利影响，促进国家和地区创新能力的提升。

在进一步扩大政府科技投入规模的同时，改变区域"平均"分配政府科技资金的观念，因地制宜，分类引导。科技创新在公平与效率之间更偏向于效率，相对于中西部地区，东部发达地区的政府科技投入效率更高。为此，从政府科技投入的区域布局看，不必强调区域间的均等化，但追求效率并非意味着中西部地区不进行科技投入。一方面，根据区域特点和特有资源条件，财政特别是中央财政应加大符合中西部特殊区情的研发投入，如与资源、环境相关的研发；另一方面，针对科技创新成果的较强外溢性特点，注重引导东部地区的创新成果向中西部地区辐射。

主要结论

本文在相关理论回顾和现状分析的基础上，首先对政府科技投入运行机理进行分析，进而对政府科技投入效率进行内涵界定和结构分析；然后对政府科技投入效率进行实证评价，实证分析中使用非参数分析的方法对中国各地区政府科技投入效率进行多维度测度，并分析了相关影响因素；最后在评价结果的基础上，从科技领域各主体的行为角度，提出改善政府科技投入效率的途径和措施。本文得出的主要结论如下：

（1）政府科技投入的结构及特征

政府科技投入规模增幅明显，2003—2013 年，财政科技支出的年均增长率达到 20.7%，远高于同期财政支出和 GDP 的年均增长率，根据 R&D 内部支出占 GDP 的比重，中国 2013 年达到 2.08%，略高于欧盟 2012 年的水准，欧盟整体达到 2.06%。

中国各地区政府科技投入存在地域差异；中国科技投入中政府资金和企业资金的投入规模逐年上升，相对于企业资金，政府资金的增速较低，企业逐步成为科技投入的主体；地方政府成为政府科技投入的主力，资金规模超过中央，未来在政府科技投入中的比重还有进一步增加的趋势。政府科技资金主要投向研发机构和高校，政府直接支持企业科技创新的力度较小；从经费来源看，中国 R&D 经费中政府资金的比重低于美国、德国、法国等欧美发达国家，与此同时，从研发活动执行的角度，政府部门执行的比重又高于欧美发达国家。作为科技创新中间产出的论文和发明专利增速较快，而作为终端产出的新产品，其销售收入在企业主营业务中的占比未有提升，企业研发强度偏低。

（2）政府科技投入效率的评价及其影响因素

对政府科技投入效率及动态变化进行测度和分解。研究结果显示：第一，中国地区间政府科技投入效率差异较大，但 2009 年以来地区间效率差异在缩小；第二，政府科技投入效率呈阶梯式分布，东部地区高于中西部地区；第三，自 2009 年以来，政府科技投入效率受到资源配置机制的阻碍作用；第四，从科技创新环节的角度，大部分地区中间产出效率高于终端产出效率，科技成果转化效率有待提高；第五，从效率成分的角度，西部地区效率不足的原因在于资金管理水平和规模两个方面，而部分中东部地区效率不足的原因在于资金管理水平，与规模关系不大。

根据实证结果，发现：一方面要改革科技投入机制，提高政府科技投入效率。而且实证结果表明，现有的资源配置机制成为效率提升的重要阻碍，因此需要科技体制改革提高效率。另一方面要改变区域"平均"分配政府科技资金的观念，因地制宜，分类引导。科技创新在公平与效率之间更偏向于效率，从政府科技投入的区域布局看，不必强调区域间的均等化，但追求效率并不意味着中西部地区不进行科技投入，应根据区域特点和特有资源条件，加大符合中西部特殊区情的研发投入，同时针对科技创新成果的较强外溢性特点，注重引导东部地区的创新成果向中西部地区辐射。

（3）政府在科技创新中的作用和定位

科技创新具有高风险性和高外溢性，科技创新中需要政府投入的理由在于市场机制的失灵和创新的高风险性，一方面需要通过政府投入，带动全社会科技投入，弥补私人资本投入的不足；另一方面需要营造创新环境，降低科技创新的风险。科技创新中政府的定位首先是创新环境的营造者，其次是科技创新需求者和科技创新资金的供给方。政府作为科技创新的需求者需要能够正确认识自身的科技创新需求，并合理识别市场需求（技术创新）、科研需求（知识创新）以及其中的交叉地带，做好需求管理；作为资金供给方，政府以创新环境营造者和科技创新需求管理者的定位分配资金，减少对科技创新执行环节的资金配置。合理定位政府边界，规范政府行为，让科技创新的资金供给回归至满足真实需求的轨道。政府以科技创新的服务者、科技创新的需求者和科技创新秩序的维护者的身份参与到科技创新中，发挥政府在科技创新中的作用。从投入对象看，政府科技投入分为创新环境投入和创新活动投入。创新环境投入主要应用于宏观层面，用于基础设施、信息平台、人才培养等方面的建设，降低科技创新的风险和外溢性；创新活动投入主要应用于微观层面，用于外溢性补偿和风险分担。

（4）中央与地方的分工合作

在"降低风险—分担风险—转化外溢性—引导行为"的模式下，一方面需处理风险问题，另一方面需应对外溢性的影响。国家层面的创新环境营造和外溢性补偿由中央负责，按国家创新体系建设和创新驱动的要求做好全国的科技战略规划，在知识产权保护、交易规则等方面制定统一的法律框架，建设全国统一的科技市场基础设施和信息平台，更多地对宏观政策和基础性研究项目进行支持。区域层面的创新环境营造和外溢性补偿由地方负责，按照区域创新体系建设的要求做好地方的科技发展规划，负责地方科技基础设施建设和信息平台，按照地方科技发展的要求因地制宜地制定激励市场主体创新的政策，更多地对市场化和产业化科技项目进行引导和支持。

（5）科技创新行为主体的定位

根据各行为主体的优势、需求和动力，为提升政府科技投入效率，各行为主体的定位如下：高校发挥其在知识创新、自由探索中的优势，为技术创新提供知识储备和支撑；研发机构发挥其在专业领域内的科研优势，面向行业共性技术，以市场需求为最终目标，以科技成果的产业化为导向；大型企业发挥市场需求信息优势和专利积累的技术优势，在以市场为导向的技术创新中发挥骨干作用，中小型企业发挥自身对市场的敏感度和机动灵活的特点体现创新活力。在科技创新执行主体定位准确的条件下，通过服务和咨询模式、成果转让模式、合作科研模式、科技创新基地模式等形式促进产学研协同创新，一方面降低科技创新各环节的信息不对称，降低科技创新的盲目性，另一方面融合各创新主体的优势，调动各创新主体的积极性，降低科技创新成本，提高科技创新效率。推进科技中介机构的发展，政府需要加强完善监督机制，科技中介机构自身加强自律，增强能力，完善运行机制建设，逐步减少对政府的依赖，形成以市场为导向、遵循科技创新规律的独立中介服务机构。

附　录

表 1　　　　　　　　**2013 年政府科技投入效率测度原始表**

地区	PG	NP	EF	RL
	专利授权数	新产品	政府科技投入	劳动投入
	T + 1	T	T	T
北京	23237	36727656	6795421	242175
天津	3279	55696886	726278	100219
河北	2286	29160256	387866	89546
山西	1559	10272735	248049	49035
内蒙古	458	6285040	150599	37280
辽宁	3975	40931774	965438	94885
吉林	1434	7031878	426647	48008
黑龙江	2454	5825023	692823	62660
上海	11614	76883835	2455541	165755
江苏	19671	197142112	1415778	466159
浙江	13372	148820993	661568	311042
安徽	5184	43790809	828870	119342
福建	3426	34400997	259176	122544
江西	1033	16829309	242340	43512
山东	10538	142841782	985532	279331
河南	3493	47914474	432970	152252
湖北	4855	46544784	924432	133061
湖南	4160	57246324	460977	103414
广东	22276	180137410	1162162	501718

213

地区	PG	NP	EF	RL
	专利授权数	新产品	政府科技投入	劳动投入
	T + 1	T	T	T
广西	1933	15866038	210060	40664
海南	380	1601202	51959	6962
重庆	2321	26961130	241133	52612
四川	5682	24758761	1527764	109708
贵州	1047	3683200	123526	23888
云南	1423	4433810	248782	28483
西藏	—	23454	18029	1203
陕西	4885	10154791	1920210	93494
甘肃	812	6185275	239490	25047
青海	110	125430	39089	4767
宁夏	243	2796416	44142	8234
新疆	605	3533318	119023	15822

资料来源：《中国科技统计年鉴》《中国统计年鉴》。

表2　　　　　　　　2012 年政府科技投入效率测度原始表

地区	PG	NP	EF	RL
	专利授权数	新产品	政府科技投入	劳动投入
	T + 1	T	T	T
北京	20695	33176311	5659921	235493
天津	3173	44601011	580718	89609
河北	2008	24576633	384941	78533
山西	1332	9283912	181572	47029
内蒙古	549	5814946	118072	31819
辽宁	3830	31936021	900426	87180
吉林	1496	21577965	401633	49961
黑龙江	2238	5655068	554500	65118
上海	10644	73999056	2257639	153361
江苏	16790	178454188	1388170	401920
浙江	11139	112839734	604144	278110
安徽	4241	37318538	602091	103047

地区	PG	NP	EF	RL
	专利授权数	新产品	政府科技投入	劳动投入
	T＋1	T	T	T
福建	2941	32911524	215975	114492
江西	923	12871344	195564	38152
山东	8913	129131803	921855	254013
河南	3173	25762027	427073	128323
湖北	4052	36984125	829943	122748
湖南	3613	47689791	370130	100032
广东	20084	154028478	1079004	492327
广西	1295	12369278	212500	41268
海南	449	1344677	46066	6787
重庆	2360	24299198	230572	46122
四川	4566	20959773	1711959	98010
贵州	776	3832764	88969	18732
云南	1312	4468160	217689	27817
西藏	44	21004	12418	1199
陕西	4133	8715851	1618303	82428
甘肃	785	5954233	218843	24290
青海	91	103773	35117	5181
宁夏	184	1856287	41465	8073
新疆	540	2760241	106678	15671

资料来源：《中国科技统计年鉴》《中国统计年鉴》。

表3　　　　　　　　　　**2011 年政府科技投入效率测度原始表**

地区	PG	NP	EF	RL
	专利授权数	新产品	政府科技投入	劳动投入
	T＋1	T	T	T
北京	20140	34211597	5070460	217255
天津	3326	37660154	484791	74293
河北	1933	18669420	330396	73025
山西	1297	8463556	159414	47355
内蒙古	569	5100690	122814	27604

地区	PG	NP	EF	RL
	专利授权数	新产品	政府科技投入	劳动投入
	T + 1	T	T	T
辽宁	3973	29096396	837677	80977
吉林	1583	23666345	340902	44815
黑龙江	2418	5491837	368997	66599
上海	11379	76400679	1791752	148500
江苏	16242	145897948	1197724	342765
浙江	11571	98785544	536543	253687
安徽	3066	31285066	477549	81087
福建	2977	30609552	186457	96884
江西	892	9258592	190076	37517
山东	7453	109942731	733935	228608
河南	3182	25068040	345686	118041
湖北	4050	30467274	735766	113920
湖南	3353	36956091	317270	85783
广东	22153	141377749	959277	410805
广西	902	12052468	175160	40135
海南	396	1327586	43327	5397
重庆	2426	29765562	205144	40698
四川	4460	20646120	1528997	82485
贵州	635	4366601	76619	15886
云南	1301	3743470	178597	25092
西藏	57	17427	9919	1081
陕西	4018	9492901	1440563	73501
甘肃	704	4941427	174666	21332
青海	101	85042	32944	5006
宁夏	140	1362351	34299	7358
新疆	456	2517964	89692	15451

资料来源:《中国科技统计年鉴》《中国统计年鉴》。

表 4 　　　　　　　　**2010 年政府科技投入效率测度原始表**

地区	PG	NP	EF	RL
	专利授权数	新产品	政府科技投入	劳动投入
	T + 1	T	T	T
北京	15880	26002932	5182976	193718
天津	2528	33035959	484672	58771
河北	1469	13610585	300712	62305
山西	1114	6221560	144520	46279
内蒙古	364	5482309	102940	24765
辽宁	3164	22517603	720146	84654
吉林	1202	17236110	319561	45313
黑龙江	1953	5751036	412578	61854
上海	9160	64402841	1567636	134952
江苏	11043	97812835	1257525	315831
浙江	9135	65463626	526949	223484
安徽	2026	20809568	396060	64169
福建	1945	20686890	193313	76737
江西	679	7940333	190052	34823
山东	5856	92795332	646475	190329
河南	2462	19055143	348187	101467
湖北	3160	24279807	680034	97924
湖南	2606	24487837	291699	72637
广东	18242	117761427	722007	344692
广西	634	9915232	167024	33987
海南	272	979958	45019	4893
重庆	1865	25820596	228568	37078
四川	3270	14960514	1641422	83800
贵州	596	3236859	82634	15087
云南	1006	2426598	191709	22552
西藏	27	—	11619	1259
陕西	3139	9047273	1438216	73218
甘肃	552	3586884	178585	21661
青海	70	177861	34229	4858
宁夏	103	1054484	29290	6378
新疆	302	2667253	87565	14382

资料来源:《中国科技统计年鉴》《中国统计年鉴》。

表5　　　　　　　　　2009 年政府科技投入效率测度原始表

地区	PG	NP	EF	RL
	专利授权数	新产品	政府科技投入	劳动投入
	T + 1	T	T	T
北京	11209	31126311	4093390	191779
天津	1930	31068882	379060	52039
河北	954	12789177	343169	56509
山西	739	6921299	160790	47772
内蒙古	262	3671956	96128	21676
辽宁	2357	28437265	571275	80925
吉林	785	31797816	299683	39393
黑龙江	1512	5603761	480413	54159
上海	6867	59846195	1322615	132859
江苏	7210	93699371	1058849	273273
浙江	6410	69786129	429039	185069
安徽	1111	16856310	365848	59697
福建	1224	19429848	171516	63269
江西	411	5600565	198341	33055
山东	4106	79060065	525828	164620
河南	1498	19468833	325146	92571
湖北	2025	19915706	653359	91161
湖南	1920	25490035	286308	63843
广东	13691	91192047	670980	283650
广西	426	9040311	133315	29856
海南	190	273993	36909	4210
重庆	1143	20919287	179336	35005
四川	2204	24015856	1222888	85921
贵州	441	2078927	64959	13093
云南	652	3011687	186881	21110
西藏	16	52948	9678	1332
陕西	1887	7218617	1349617	68040
甘肃	349	2582182	165851	21158
青海	41	596845	25240	4603
宁夏	61	1058872	28553	6920
新疆	189	1137445	73558	12655

资料来源：《中国科技统计年鉴》《中国统计年鉴》。

参考文献

［1］刘尚希，韩凤芹．科技与经济融合：中央科技资源的组织方式变革研究［M］．北京：经济科学出版社，2013．

［2］米勒．公共选择［M］．上海：上海三联书店，1993．

［3］苏竣．公共科技政策导论［M］．北京：科学出版社，2014．

［4］吴汉东．知识产权基本问题研究［M］．北京：中国人民大学出版社，2005．

［5］郑成思．知识产权论［M］．北京：法律出版社，2003．

［6］周舟．以利为利：财政关系与地方政府行为［M］．上海：上海三联书店，2012．

［7］白俊红．我国科研机构知识生产效率研究［J］．科学学研究，2013（8）：1198－1206．

［8］蔡汝魁．科学技术活动的投入产出［J］．科学学与科学技术管理，1989（9）：10．

［9］查大兵．经济效率与财政效率［J］．中央财经大学学报，1997（6）．

［10］陈傲，柳卸林，吕萍．创新系统各主体间的分工与协同机制研究［J］．管理学报，2010，7（10）：1455－1462．

［11］陈劲．协同创新与国家科研能力建设［J］．科学学研究，2011，29（12）：2－3．

［12］陈抗，顾清扬．财政集权与地方政府行为变化——从援助之手到攫取之手［J］.经济学，2002，2（1）：111-130．

［13］陈培榰，屠梅曾．产学研技术联盟合作创新机制研究［J］.科技进步与对策，2007，24（6）：37-39．

［14］陈诗一，张军．中国地方政府财政支出效率研究：1978—2005［J］.中国社会科学，2008（4）：65-78．

［15］陈硕，高琳．央地关系：财政分权度量及作用机制再评估［J］.管理世界，2012（6）：43-59．

［16］池仁勇，虞晓芬，李正卫．我国东西部地区技术创新效率差异及其原因分析［J］.中国软科学，2004（8）：128-132．

［17］党文娟，张宗益，康继军．创新环境对促进我国区域创新能力的影响［J］.中国软科学，2008（3）：52-57．

［18］邓练兵．中国创新政策变迁的历史逻辑［D］.武汉：华中科技大学，2013．

［19］丁菊红，邓可斌．政府偏好、公共品供给与转型中的财政分权［J］.经济研究，2008（7）：78-89．

［20］樊纲．市场机制与经济效率［M］.上海：上海三联书店，1992．

［21］樊宏，李虎．基于DEA方法的广东省科技投入产出相对效率的评价［J］.科学学研究，2009，26（2）：339-343．

［22］樊华，周德群．中国省域科技创新效率演化及其影响因素研究［J］.科研管理，2012，33（1）：10-18．

［23］范斐，杜德斌，李恒．区域科技资源配置效率及比较优势分析［J］.科学学研究，2012，30（8）：1198-1205．

［24］范红忠．有效需求规模假说、研发投入与国家自主创新能力［J］.经济研究，2007（3）：33-44．

［25］范徵．知识资本评价指标体系与定量评价模型［J］.中国工业经济，2000（9）：63-66．

［26］方新．关于深化科技体制改革的思考［J］．中国科学院院刊，2003，18（2）：121－124．

［27］房亚明．超大空间的有效治理：地方自治导向的分权？——论我国纵向府际关系的制度变革［J］．国家行政学院学报，2009（3）：91－94．

［28］冯锋，张雷勇，高牟等．两阶段链视角下科技投入产出链效率研究——来自我国29个省市数据的实证［J］．科学学与科学技术管理，2011，32（8）：33－38．

［29］奉公．论公共产品类科研资金投入的拟成果购买制［J］．科学学研究，2003，21（3）：254－258．

［30］顾乃华，朱卫平．府际关系、关系产权与经济效率［J］．中国工业经济，2011（2）：46－57．

［31］顾元媛，沈坤荣．地方政府行为与企业研发投入——基于中国省际面板数据的实证分析［J］．中国工业经济，2012（10）：77－88．

［32］官建成，刘顺忠．区域创新机构对创新绩效影响的研究［J］．科学学研究，2003，21（2）：210－214．

［33］郭国峰，温军伟，孙保营．技术创新能力的影响因素分析——基于中部六省面板数据的实证研究［J］．数量经济技术经济研究，2007，24（9）：134－143．

［34］郭强，夏向阳，赵莉．高校科技成果转化影响因素及对策研究［J］．科技进步与对策，2012，29（6）：151－153．

［35］郭庆旺，贾俊雪．地方政府行为、投资冲动与宏观经济稳定［J］．管理世界，2006（5）：19－25．

［36］郭庆旺，贾俊雪．中国全要素生产率的估算：1979—2004［J］．经济研究，2005，6（5）：1－60．

［37］郭庆旺，赵志耘，贾俊雪．中国省份经济的全要素生产率分析［J］．世界经济，2005，28（5）：46－53．

［38］哈尔·R. 范里安．微观经济学：现代观点（第六版）［M］．上海：

上海人民出版社，2006.

[39] 哈特曼 G，梅耶斯 M. 技术风险、产品性能和市场风险 [M]. 北京：忠心出版社，2003：32.

[40] 何郁冰. 产学研协同创新的理论模式 [J]. 科学学研究，2012，30 (2)：165 – 174.

[41] 贺德方. 对科技成果及科技成果转化若干基本概念的辨析与思考 [J]. 中国软科学，2012 (11)：1 – 7.

[42] 洪银兴. 论市场对资源配置起决定性作用后的政府作用 [J]. 经济研究，2014，49 (1)：14 – 16.

[43] 胡瑞，李忠云，王国平. 中美研究型大学科技管理体制与运行机制比较研究与启示 [J]. 科技进步与对策，2006，23 (3)：145 – 147.

[44] 黄波，赵绍成. 结构洞理论对培育与发展科技中介机构的启示 [J]. 软科学，2013，27 (7)：138 – 141.

[45] 黄科舫，向秦，何施. 基于 DEA 模型的湖北省财政科技投入产出效率研究 [J]. 科技进步与对策，2014 (6)：124 – 129.

[46] 金芙蓉，罗守贵. 产学研合作绩效评价指标体系研究 [J]. 科学管理研究，2009，27 (3)：43 – 46.

[47] 李富强，李斌. 委托代理模型与激励机制分析 [J]. 数量经济技术经济研究，2003 (9)：29 – 33.

[48] 李富强，葛新权，何燕生等. 知识经济与知识产品 [M]. 北京：社会科学文献出版社，1998.

[49] 李捍平. 科学技术与经济的结合——基于科技资源配置机制的研究 [J]. 科学管理研究，1988 (4)：9.

[50] 李尽法. 基于 SE – DEA 的财政科技投入效率测度实证研究 [J]. 科技管理研究，2011 (15)：69 – 72.

[51] 李军杰，钟君. 中国地方政府经济行为分析——基于公共选择视角 [J]. 中国工业经济，2004 (4)：27 – 34.

［52］李习保．区域创新环境对创新活动效率影响的实证研究［J］．数量经济技术经济研究，2007，24（8）：13－24.

［53］李小平，朱钟棣．国际贸易，R&D 溢出和生产率增长［J］．经济研究，2006（2）：31－43.

［54］李小平，朱钟棣．中国工业行业的全要素生产率测算——基于分行业面板数据的研究［J］．管理世界，2005（4）：56－64.

［55］李焱焱，叶冰，杜鹃等．产学研合作模式分类及其选择思路［J］．科技进步与对策，2004，21（10）：98－99.

［56］李永友．中国地方财政资金配置效率核算与分析［J］．经济学家，2010（6）：95－102.

［57］厉以宁．超越政府与超越市场——论道德力量在经济中的作用［M］．北京：经济科学出版社，1999.

［58］林炳辉．知识产权制度在国家创新体系中的地位与作用［J］．知识产权，2001，3（5）：10.

［59］凌江怀，李成，李熙．财政科技投入与经济增长的动态均衡关系研究［J］．宏观经济研究，2012（6）：62－68.

［60］刘凤朝，马艳艳，孙玉涛．省区层面中央与地方财政科技投入结构分析［J］．科学学与科学技术管理，2009，30（12）：39－42.

［61］刘凤朝，孙玉涛，刘萍萍．中央与地方政府财政科技投入结构分析［J］．中国科技论坛，2007（10）：65－68.

［62］刘劲杨．知识创新、技术创新与制度创新概念的再界定［J］．科学学与科学技术管理，2002，23（5）：5－8.

［63］刘磊，刘毅进．基于创新需求特性的政府参与行为选择及影响分析［J］．科技进步与对策，2013，29（24）：127－131.

［64］刘力．产学研合作的历史考察及本质探讨［J］．浙江大学学报：人文社会科学版，2002，32（3）：109－116.

［65］刘世锦．把市场在资源配置中的决定性作用落到实处［J］．经济研

究, 2014, 49 (1): 11 –14.

[66] 刘姝威, 陈伟忠, 王爽等. 提高我国科技成果转化率的三要素 [J]. 中国软科学, 2006 (4): 55 –58.

[67] 刘友金, 罗发友. 企业技术创新集群行为的行为生态学研究——一个分析框架的提出与构思 [J]. 中国软科学, 2004 (1): 68 –72.

[68] 刘长生, 郭小东, 简玉峰. 财政分权与公共服务提供效率研究——基于中国不同省份义务教育的面板数据分析 [J]. 上海财经大学学报: 哲学社会科学版, 2008, 10 (4): 61 –68.

[69] 卢金贵, 余可. 基于空间动态面板数据的地方财政科技投入与经济增长的实证分析——以广东省为例 [J]. 财政研究, 2010 (7): 57 –61.

[70] 陆立军, 于斌斌. 传统产业与战略性新兴产业的融合演化及政府行为: 理论与实证 [J]. 中国软科学, 2012 (5): 28 –39.

[71] 骆永民. 财政分权对地方政府效率影响的空间面板数据分析 [J]. 商业经济与管理, 2008 (10): 75 –80.

[72] 吕亮雯, 何静. 基于超效率 DEA 模型的广东地方财政科技投入产出效率分析 [J]. 科技管理研究, 2001 (4): 84 –87.

[73] 吕炜, 王伟同. 发展失衡、公共服务与政府责任——基于政府偏好和政府效率视角的分析 [J]. 中国社会科学, 2008 (4): 52 –64.

[74] 吕忠伟, 袁卫. 财政科技投入和经济增长关系的实证研究 [J]. 科学管理研究, 2006, 24 (5): 105 –108.

[75] 马松尧. 科技中介在国家创新系统中的功能及其体系构建 [J]. 中国软科学, 2004 (1): 109 –113.

[76] 彭国华. 中国地区收入差距、全要素生产率及其收敛分析 [J]. 经济研究, 2005 (9): 19 –29.

[77] 蒲勇健. 建立在行为经济学理论基础上的委托—代理模型: 物质效用与动机公平的替代 [J]. 经济学季刊, 2007, 7 (1): 297 –318.

[78] 普万里, 王泽华, 茹华所. 科技投入绩效评价研究 [J]. 科技进步

与对策, 2007, 24（2）: 113－115.

[79] 戚湧, 张明, 丁刚. 政府监管与科技资源共享群体之间的演化博弈研究 [J]. 科技进步与对策, 2013, 30（6）: 12－15.

[80] 秦川, 谭鹏. 地方政府效率实证分析: 基于财政分权视角 [J]. 会计之友, 2010（13）: 82－83.

[81] 秦颖. 论公共产品的本质——兼论公共产品理论的局限性 [J]. 经济学家, 2006（3）: 77－82.

[82] 申期. 我国科技资金投入研究初探 [J]. 统计研究, 1993（2）: 9.

[83] 石春生, 何培旭, 刘微微. 基于动态能力的知识资本与组织绩效关系研究 [J]. 科技进步与对策, 2011, 28（5）: 144－149.

[84] 石奇, 孔群喜. 动态效率、生产性公共支出与结构效应 [J]. 经济研究, 2012（1）: 92－104.

[85] 石善冲. 科技成果转化评价指标体系研究 [J]. 科学学与科学技术管理, 2003, 24（6）: 31－33.

[86] 孙琳琳, 任若恩. 中国资本投入和全要素生产率的估算 [J]. 世界经济, 2006, 28（12）: 3－13.

[87] 汤玉刚, 赵大平. 论政府供给偏好的短期决定: 政治均衡与经济效率 [J]. 经济研究, 2007（1）: 29－40.

[88] 唐任伍, 唐天伟. 政府效率的特殊性及其测度指标的选择 [J]. 北京师范大学学报: 社会科学版, 2004（2）: 100－106.

[89] 瓦莱里著, 战洪起等译. 工业创新 [M]. 北京: 清华大学出版社, 1999.

[90] 王兵, 吴延瑞, 颜鹏飞. 中国区域环境效率与环境全要素生产率增长 [J]. 经济研究, 2010（5）: 95－109.

[91] 王凯, 庞震. 中国财政科技投入与经济增长: 1978—2008 [J]. 科学管理研究, 2010（1）: 103－106.

[92] 王庆金, 周雪, 王阳. 科技中介与区域创新主体博弈研究 [J]. 科

技管理研究，2011，31（4）：1－3．

［93］吴敬琏．制度重于技术——论发展我国高新技术产业［J］．经济社会体制比较，1999（5）：1－6．

［94］武玉坤．地方财政科技投入体制绩效研究——以广东省为例［J］．科技进步与对策，2013（22）：116－120．

［95］肖文，林高榜．海外研发资本对中国技术进步的知识溢出［J］．世界经济，2011（1）：37－51．

［96］肖文，林高榜．政府支持、研发管理与技术创新效率［J］．管理世界，2014（4）：71－80．

［97］谢建国，周露昭．进口贸易、吸收能力与国际R&D技术溢出：中国省区面板数据的研究［J］．世界经济，2009（9）：68－81．

［98］谢庆奎．中国政府的府际关系研究［J］．北京大学学报：哲学社会科学版，2000，37（1）：26－34．

［99］许治，师萍．基于DEA方法的我国科技投入相对效率评价［J］．科学学研究，2006，23（4）：481－484．

［100］闫凌州，赵黎明．府际关系影响下地方科技体制改革的二元异质性困境与思考［J］．科技进步与对策，2014，31（3）：108－112．

［101］严成樑．社会资本、创新与长期经济增长［J］．经济研究，2012（11）：48－60．

［102］严成樑．资本投入对我国经济增长的影响——基于拓展的MRW框架的分析［J］．数量经济技术经济研究，2011，28（6）：3－20．

［103］叶裕民．全国及各省区市全要素生产率的计算和分析［J］．经济学家，2002（3）：115－121．

［104］易纲，樊纲，李岩．关于中国经济增长与全要素生产率的理论思考［J］．经济研究，2003，8（5）．

［105］殷林森，胡文伟，李湛．我国科技投入与产业经济增长的关联性研究［J］．中国软科学，2008（11）：57－63．

［106］余泳泽．创新要素集聚、政府支持与科技创新效率——基于省域数据的空间面板计量分析［J］．经济评论，2011（2）：93－101.

［107］俞立平，熊德平．财政科技投入对经济贡献的动态综合估计［J］．科学学研究，2011，29（11）：1651－1657.

［108］袁晓玲，张宝山．中国商业银行全要素生产率的影响因素研究——基于 DEA 模型的 Malmquist 指数分析［J］．数量经济技术经济研究，2009（4）：93－104.

［109］张海燕，陈士俊，王梅等．2002—2005 年间我国不同地区高校科技创新效率比较研究［J］．科技进步与对策，2007，24（11）：109－114.

［110］张军，施少华．中国经济全要素生产率变动：1952—1998［J］．世界经济文汇，2003（2）：17－24.

［111］张明明．区域创新系统中科技中介组织的角色［J］．科技进步与对策，2011，28（20）：10－13.

［112］张明喜．区域科技投入与经济增长关系的实证分析［J］．经济理论与经济管理，2009（12）：66－71.

［113］张明喜．我国财政科技投入对经济增长贡献的测度［J］．财经论丛，2010（4）：18－23.

［114］张前荣．基于 DEA 模型的区域科技投入相对效率的实证研究［J］．大连理工大学学报：社会科学版，2009（1）．

［115］张青，陈丽霖．地方政府财政科技投入产出效率测度模型的研究［J］．研究与发展管理，2008（5）：102－108.

［116］张霄，刘京焕，王宝顺．我国省级财政研发支出效率的评价［J］．统计与决策，2013（1）：134－138.

［117］张媛媛，张宗益．创新环境、创新能力与创新绩效的系统性研究——基于面板数据的经验分析［J］．科技管理研究，2009，29（12）：91－93.

［118］张运华，吴洁，施琴芬．高校科技投入及成果转化效率分析——价值链角度的考察［J］．科技管理研究，2008，28（8）：133－135.

[119] 赵静敏, 李东明, 刘传哲. 地方财政科技投入与经济增长关系的面板协整分析 [J]. 经济问题, 2011 (7): 23–26.

[120] 赵立雨, 师萍. 政府财政研发投入与经济增长的协整检验——基于 1989—2007 年的数据分析 [J]. 中国软科学, 2010 (2): 53–58.

[121] 赵文哲. 财政分权与前沿技术进步, 技术效率关系研究 [J]. 管理世界, 2008 (7): 34–44.

[122] 郑玉歆. 全要素生产率的再认识——用 TFP 分析经济增长质量存在的若干局限 [J]. 数量经济技术经济研究, 2007, 24 (9): 3–11.

[123] 仲伟俊, 梅姝娥, 谢园园. 产学研合作技术创新模式分析 [J]. 中国软科学, 2009 (8): 174–181.

[124] 周静, 王立杰, 石晓军. 我国不同地区高校科技创新的制度效率与规模效率研究 [J]. 研究与发展管理, 2005, 17 (1): 109–117.

[125] 朱春奎, 曹玺. 财政科技投入与经济增长: 基于 VAR 模型对中国的经验分析 [J]. 复旦公共行政评论, 2008 (1).

[126] 朱恒鹏. 企业规模、市场力量与民营企业创新行为 [J]. 世界经济, 2007, 29 (12): 41–52.

[127] 朱宁宁, 王激激. 我国科技成果转化典型模式及影响因素研究 [J]. 科技与管理, 2012, 13 (6): 34–37.

[128] 朱钟棣, 李小平. 中国工业行业资本形成、全要素生产率变动及其趋异化: 基于分行业面板数据的研究 [J]. 世界经济, 2006, 28 (9): 51–62.

[129] 祝云, 毕正操. 我国财政科技投入与经济增长的协整关系 [J]. 财经科学, 2007 (7): 53–59.

[130] 祝云, 毕正操. 我国地方财政科技投入与经济增长关系分析 [J]. 西南交通大学学报: 社会科学版, 2007, 8 (5): 22–27.

[131] Romer P M. Crazy Explanations for the Productivity Slowdown [M] // NBER Macroeconomics Annual 1987, Volume 2. The MIT Press, 1987: 163–210.

[132] Arrow K. Economic Welfare and the Allocation of Resources for Inven-

tion [M] //The Rate and Direction of Inventive Activity: Economic and Social Factors. Nber, 1962: 609 – 626.

[133] Salomon J J. Science and Politics [M]. London: Macmillan, 1973.

[134] Coelli T J, Rao D S P, O'Donnell C J, et al. An Introduction to Efficiency and Productivity Analysis [M]. Springer, 2005.

[135] Fereman C. The Economics of Industrial Innovation [M]. Psychology Press, 1997.

[136] Public Budgeting and Finance [M]. CRC Press, 1997.

[137] Aghion P, Howitt P. A Model of Economic Growth [J]. Econometrica, 1992, 60 (2): 323 – 352.

[138] Akçomak I S, Ter Weel B. Social Capital, Innovation and Growth: Evidence from Europe [J]. European Economic Review, 2009, 53 (5): 544 – 567.

[139] Arrow K J. The Economic Implications of Learning by Doing [J]. The Review of Economic Studies, 1962, 29 (3): 155 – 173.

[140] Aschauer D A. Is Public Expenditure Productive? [J]. Journal of Monetary Economics, 1989, 23 (2): 177 – 200.

[141] Barro R J. Government Spending in a Simple Model of Endogenous Growth [J]. Journal of Political Economy, 1990, 98 (5): 103 – 125.

[142] Beaudry P, Portier F. An Exploration into Pigou's Theory of Cycles [J]. Journal of Monetary Economics, 2004, 51 (6): 1183 – 1216.

[143] Bozeman B, Sarewitz D. Public Value Mapping and Science Policy Evaluation [J]. Minerva, 2011, 49 (1): 1 – 23.

[144] Buchanan J M. An Economic Theory of Clubs [J]. Economica, 1965, 32 (125): 1 – 14.

[145] Coccia M. The Interaction Between Public and Private R&D Expenditure and National Productivity [J]. Prometheus, 2011, 29 (2): 121 – 130.

[146] Deng W S, Lin Y C, Gong J. A Smooth Coefficient Quantile Regression

Approach to the Social Capital – economic Growth Nexus [J]. Economic Modelling, 2012, 29 (2): 185 – 197.

[147] Farrell M J. The Measurement of Productive Efficiency [J]. Journal of the Royal Statistical Society. Series A (General), 1957, 120 (3): 253 – 290.

[148] Feldman M P, Kelley M R. The Assessment of Knowledge Spillovers: Government R&D Policy, Economic Incentives and Private Firm Behavior [J]. Research Policy, 2006, 35 (10): 1509 – 1521.

[149] Feller I. Federal and State Government Roles in Science and Technology [J]. Economic Development Quarterly, 1997, 11 (4): 283 – 295.

[150] Freeman C. Technology Policy and Economic Performance: Lessons From Japan [M]. New York: Frances Printer Publishers, 1987.

[151] Glomm G, Ravikumar B. Public Versus Private Investment in Human Capital Endogenous Growth and Income Inequality [J]. Journal of Political Economy, 1992, 100 (4): 818 – 834.

[152] Griliches Z. Productivity, R&D, and Basic Research at the Firm Level in the 1970s [J]. American Economic Review, 1986, 76 (1): 141 – 154.

[153] Grossman G M, Helpman E. Quality Ladders in the Theory of Growth [J]. The Review of Economic Studies, 1991, 58 (1): 43 – 61.

[154] Grossmann V. How to Promote R&D – based Growth? Public Education Expenditure on Scientists and Engineers Versus R&D Subsidies [J]. Journal of Macroeconomics, 2007, 29 (4): 891 – 911.

[155] Guellec D, Van Pottelsberghe De La Potterie B. The Impact of Public R&D Expenditure on Business R&D* [J]. Economics of Innovation and New Technology, 2003, 12 (3): 225 – 243.

[156] Hagedoorn J, Narula R. Choosing Organizational Modes of Strategic Technology Partnering: International and Sectoral Differences [J]. Journal of International Business Studies, 1996, 27 (2): 265 – 284.

[157] Hall B H, Lotti F, Mairesse J. Innovation and Productivity in SMEs: Empirical Evidence for Ltaly [J]. Small Business Economics, 2009, 33 (1): 13 – 33.

[158] Hall B H. The Financing of Research and Development [J]. Oxford Review of Economic Policy, 2002, 18 (1): 35 – 51.

[159] Hall B, Hayashi F. Research and Development as an Investment [R]. National Bureau of Economic Research, 1989.

[160] Jones C I. Time Series Tests of Endogenous Growth Models [J]. The Quarterly Journal of Economics, 1995, 110 (2): 495 – 525.

[161] Klette T J, Møen J, Griliches Z. Do Subsidies to Commercial R&D Reduce Market Failures? Microeconometric Evaluation Studies [J]. Research Policy, 2000, 29 (4): 471 – 495.

[162] Laursen K, Masciarelli F, Prencipe A. Regions Matter: How Localized Social Capital Affects Innovation and External Knowledge Acquisition [J]. Organization Science, 2012, 23 (1): 177 – 193.

[163] Lee H Y, Park Y T. An International Comparison of R&D Efficiency: DEA Approach [J]. Asian Journal of Technology Innovation, 2005, 13 (2): 207 – 222.

[164] Lee H, Park Y, Choi H. Comparative Evaluation of Performance of National R&D Programs with Heterogeneous Objectives: A DEA Approach [J]. European Journal of Operational Research, 2009, 196 (3): 847 – 855.

[165] Lindahl E. Just Taxation—A Positive Solution [J]. Classics in the Theory of Public Finance, 1919, 134: 168 – 176.

[166] Mansfield E, Rapoport J, Romeo A, et al. Social and Private Rates of Return from Industrial Innovations [J]. The Quarterly Journal of Economics, 1977, 91 (2): 221 – 240.

[167] Musgrave R A. The Theory of Public Finance; A Study in Public Economy [J]. Journal of Political Economy, 1959, 99 (1): 213.

[168] Nozick L K. A Model of Intermodal Rail – truck Service for Operations

Management, Investment Planning, and Costing [J]. Oissertation Abstracts International, 1992, 53 (7): 3747.

[169] Özçelik E, Taymaz E. R&D Support Programs in Developing Countries: The Turkish Experience [J]. Research Policy, 2008, 37 (2): 258 –275.

[170] Park W G. A Theoretical Model of Government Research and Growth [J]. Journal of Economic Behavior & Organization, 1998, 34 (1): 69 –85.

[171] Qian Y, Roland G. Federalism and the Soft Budget Constraint [J]. American Economic Review, 1998, 88 (5).

[172] Rawls J. The Priority of Right and Ideas of the Good [J]. Philosophy & Public Affairs, 1988, 17 (4): 251 –276.

[173] Romer P M. Endogenous technological change [J]. Journal of Political Economy, 1990, 98 (5): 71 – 102.

[174] Romer P M. Increasing Returns and Long – run Growth [J]. Journal of Political Economy, 1986, 94 (5): 1002 – 1037.

[175] Samuelson P A. Diagrammatic Exposition of a Theory of Public Expenditure [J]. The Review of Economics and Statistics, 1955, 37 (4): 350 –356.

[176] Segerstrom P S, Anant T C A, Dinopoulos E. A Schumpeterian Model of the Product Life Cycle [J]. American Economic Review, 1990, 80 (5): 1077 – 1091.

[177] Segerstrom P S. Endogenous Growth without Scale Effects [J]. American Economic Review, 1998, 88 (5): 1290 – 1310.

[178] Stigler G J. The Theory of Economic Regulation [J]. The Bell Journal of Economics and Management Science, 1971, 2 (1): 3 – 21.

[179] Tiebout C M. A Pure Theory of Local Expenditures [J]. Journal of Political Economy, 1956, 64 (5): 416 – 424.

[180] Wallsten S J. The Effects of Government – industry R&D Programs on Private R&D: The Case of the Small Business Innovation Research program [J]. RAND Journal of Economics, 2000, 31 (1): 82 – 100.

［181］ Wang E C. R&D Efficiency and Economic Performance: A Cross - country Analysis Using the Stochastic Frontier Approach ［J］. Journal of Policy Modeling, 2007, 29（2）: 345 - 360.

［182］ Whitesell R S. Industrial Growth and Efficiency in the United States and the Former Soviet Union ［J］. Comparative Economic Studies, 1994, 36（4）: 47 - 77.

后　记

　　博士论文撰写渐进尾声，回顾从入学考试到逐步感受到财政学的精妙，博士学习生涯短暂、忙碌而又美好。非常庆幸能够进入被誉为财政界"黄埔军校"的财政部财政科学研究所学习，博士阶段的学习给我带来了太多收获，受益终身。在论文即将完成之时，向给我莫大启迪的老师、朋友和同窗致以最真挚的谢意。

　　感谢我的恩师韩凤芹老师。当跨专业进入财政专业学习时，我是在韩老师的耐心指导下入门的。现在依然记得韩老师在我平日的学习中推荐的书目和资料，在我每次写完文章后，韩老师都悉心给予指导，让我的归纳能力、分析能力有了快速提高。在博士论文整个写作过程中，韩老师抽出时间与我探讨论文相关内容，从论文选题、资料收集到写作框架无不渗透着恩师的心血。从师三年，韩老师严谨和求实的态度、渊博的知识、严密的逻辑，深深地影响着我，鞭策自己积极进取，诚实做人、认真做事。在撰写后记之时，感谢韩凤芹老师，谢谢您的指导与付出！

　　感谢财政部财政科学研究所对我的培养，感谢研究所所有的老师们，三年学习生涯中，得到了各位师长的帮助，我将铭记于心。博士论文的写作是一个兴奋、快乐、充实而又遍布迷茫和苦闷的过程。在这个过程中，谢谢我的学长、同窗，谢谢你们抽出时间和我一起探讨，谢谢你们帮我理清思路、不厌其烦地听我复述写作框架，感谢周小付博士、王经绫博士、鲍曙光博士、杨兴龙博士、崔志刚博士、闫晓茗博士、萨日娜博士、闫天一博士、华龙博士、杨白冰博士在写作过程中给予的帮助，感谢在此过程中的陪伴，使我"苦"少了，"乐"多了。

庆幸攻读博士学位期间有机会参与中央地方间科技事权与支出责任、科技体制改革等课题组，感谢课题组老师给予的帮助，在课题研究中积累的宝贵资料和数据为论文的写作提供了巨大帮助。

谢谢与我论文选题相关前辈们提供的间接帮助，你们宝贵的研究成果给予我启发与借鉴，使我有了研究的基础，也让我少走了弯路。还有在百忙中参与论文开题、评阅和答辩的专家与教授，在此表示衷心感谢。

最后要感谢我的父母与家人，感谢你们默默的支持和无私的爱，给予我不断前行的力量源泉，感谢你们！

总之，在财政部财政科学研究所学习和撰写博士论文期间收获了太多东西，文字无以全部表达，更多的感动放在心中，陪伴我在未来的人生道路上一起前行！

赵　伟